**MINISTÈRE DU COMMERCE
ET DE L'INDUSTRIE**

Exposition Internationale de Bruxelles 1910

Sections Françaises

——— Matériel & Procédés ———
——— des Exploitations Rurales ———
——— CLASSE 35 ———

—— Matériel & Procédés de la Viticulture ——
——— CLASSE 36 ———

—— Matériel des Industries Agricoles ——
——— CLASSE 37 ———

RAPPORTS

PAR

M. DARLEY-RENAULT, Classe 35

M. Gaston BARBOU, Classe 36

M. VIDAL-BEAUME, Classe 37

——— COMITÉ FRANÇAIS ———
DES EXPOSITIONS A L'ÉTRANGER
——— Rue du Louvre. Paris ———

Imprimerie Ch. SCHENCK
24, Rue des Écoles
PARIS

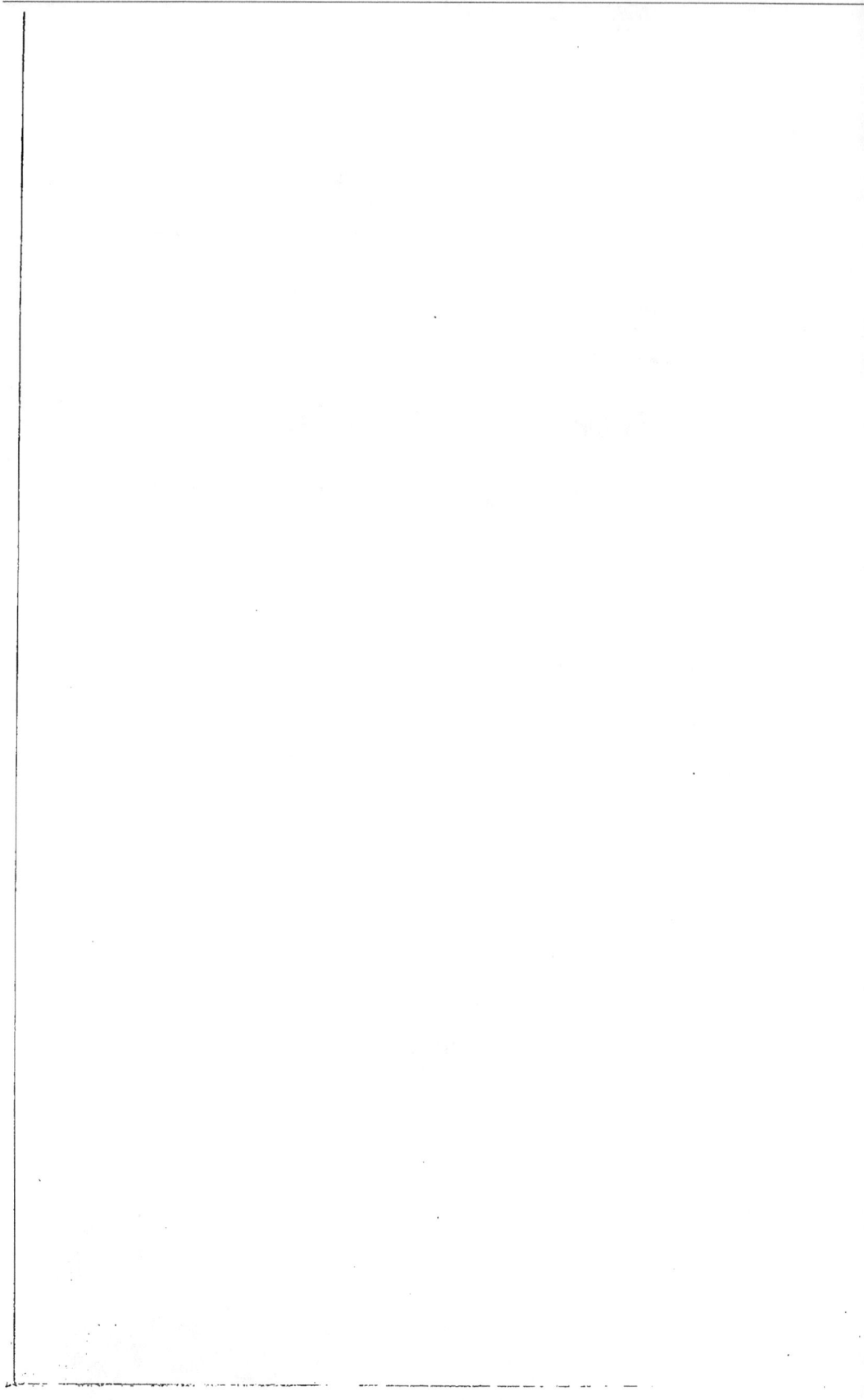

EXPOSITION UNIVERSELLE ET INTERNATIONALE
DE BRUXELLES EN 1910

RAPPORT DU JURY INTERNATIONAL

Groupe VII. — Classe 35

Matériel et Procédés des Exploitations rurales

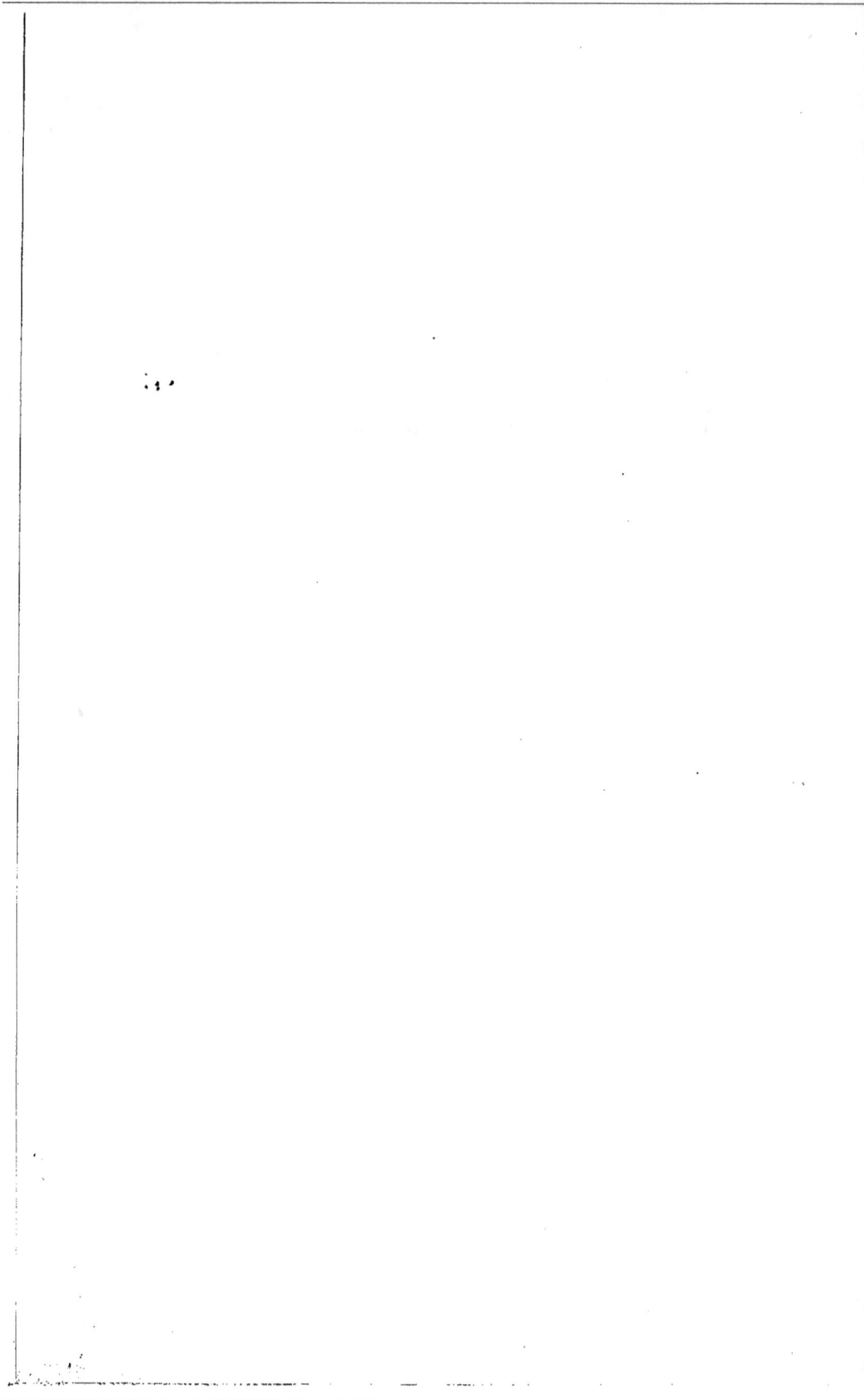

RÉPUBLIQUE FRANÇAISE

MINISTÈRE DU COMMERCE & DE L'INDUSTRIE

EXPOSITION UNIVERSELLE & INTERNATIONALE
de Bruxelles en 1910

SECTION FRANÇAISE
Groupes VII. — Classe 35

RAPPORT

SUR

Le Matériel et les Procédés des Exploitations Rurales

PAR

M. DARLEY-RENAULT

SECRÉTAIRE RAPPORTEUR DU JURY DE LA CLASSE 35

SECRÉTAIRE GÉNÉRAL DE LA CHAMBRE SYNDICALE DES CONSTRUCTEURS

DE MACHINES AGRICOLES DE FRANCE

PARIS

IMPRIMERIE CH. SCHENCK

24, Rue des Écoles, 24

1913

INTRODUCTION

L'Exposition de Bruxelles, parmi les manifestations du même genre qui ont eu lieu dans le courant de ces dernières années, a été une des plus réussies. Le succès qu'elle a remporté, grâce au zèle de ses organisateurs, a été la réponse la plus habile que l'on pût faire aux détracteurs des Expositions Internationales. Presque toutes les nations se sont rencontrées dans cette lutte pacifique, rivalisant entre elles d'émulation.

La concurrence des peuples sur le terrain économique, née du développement continu des voies de communications, constitue en effet la caractéristique des temps modernes et la prospérité d'un pays se mesure aujourd'hui principalement par l'intensité de sa production et le mouvement de ses affaires.

Les peuples jeunes, nés les derniers à la vie économique, sont heureux de profiter des Expositions internationales pour montrer aux autres nations les progrès souvent considérables qu'ils ont accomplis, parfois dans l'espace de quelques années seulement, grâce à leur énergie. Les nations plus anciennes tiennent, d'autre part, à affirmer qu'elles n'ont rien perdu de leur vitalité et qu'elles continuent à marcher à la tête du progrès.

Ces pacifiques manifestations du travail sont d'ailleurs fécondes en heureux résultats. En contraignant les producteurs à se déplacer, en les forçant à constater les efforts et les progrès de leurs rivaux, elles les incitent à ne pas s'endormir dans une douce quiétude. Il en résulte une activité plus grande dont tout le monde finalement profite.

Enfin les Expositions internationales, en enseignant aux diverses nations à se mieux connaître, en les obligeant à rendre un public hommage aux efforts de leurs rivaux, favorisent le développement des idées de paix dans le recueillement et le travail.

Ces considérations, qui s'appliquent plus spécialement à l'industrie et au commerce, sont également vraies pour l'agriculture, depuis que celle-ci tend chaque jour davantage à devenir plus scientifique et à s'industrialiser. Le nombre des nations ayant tenu à figurer dans les différentes classes du groupe agricole et l'importance de leurs expositions démontrent d'ailleurs suffisamment l'importance qui s'attache à ces manifestations pour l'agriculture.

Nous avons pu, comme membre du Jury, faire plus spécialement ces constatations en ce qui concerne les classes 35, 36 et 37, dont nous avons seuls à nous occuper ici. Les Exposants qui figuraient dans cette classe étaient nombreux, et nous avons été heureux de constater que la France était dignement représentée. Le Jury a rendu un juste hommage aux efforts de nos Constructeurs en leur décernant les plus hautes récompenses.

Après avoir donné, dans ce Rapport, un aperçu général des classes 35, 36 et 37, en faisant connaître les noms des divers exposants français et les récompenses qu'ils ont obtenues, nous passerons en revue les Expositions de chacun d'eux.

DARLEY-RENAULT,

Rapporteur de Classe 35.

COMITE

D'ADMISSION & D'INSTALLATION

————⟡————

Présidents d'Honneur :

MM. BAJAC (Antoine),
     HIDIEN (Auguste),
     SENET (Adrien).

Président :

M. MAROT (Emile).

Vice-Présidents :

MM. LEFEBVRE-ALBARET (Gaston),
     MAGNIER-BÉDU (Ernest),
     VIDAL-BEAUME (J.-B.-L.).

Secrétaire-Général :

M. DARLEY-RENAULT (Eugène).

Secrétaire-Adjoint :

M. BEAUPRÉ (E.).

Trésorier :

M. GOUGIS.

Rapporteur :

M. KRIEG.

MEMBRES DU JURY

Président :

M. HIDIEN.

Vice-Présidents :

MM. DOLBY (E.-R.),
TREINEU,
HOLLDACK.

Secrétaire-Rapporteur :

M. DE VUYST.

Expert :

M. COZETTE.

Secrétaire-Rapporteur de la Section Française :

M. DARLEY-RENAULT.

Membres :

MM. MELOTTE (A.),
GILLEKENS (G.),
PICQUET (P.),
GRAFFTIAU (J.),
DARLEY-RENAULT,
BOUCKAERT (J.),
LEFEBVRE-ALBARET,
MAROT (E.).

RECOMPENSES

HORS CONCOURS

(Membres du Jury)

MM. BARRIQUAND & MARRE, 127. rue Oberkampf, à Paris,
  COZETTE (P.), Médecin-Vétérinaire (Collectivité vétérinaire)
    à Noyon (Oise),
  DARLEY-RENAULT, à Nemours (Seine-et-Marne),
  HIBEN (Auguste), à Châteauroux (Indre),
  SOCIÉTÉ ANONYME DES ANCIENS ETABLISSEMENTS ALBARET,
    à Rantigny (Oise),
  MABOT (Emile) & Cie, à Niort (Deux-Sèvres),
  MAGNIER-BÉDU, à Groslay (Seine-et-Oise),
  VIDAL-BEAUME, à Boulogne-sur-Seine (Seine).

GRANDS PRIX

MM. BAJAC, à Liancourt (Oise),
  CHAMPENOIS-RAMBEAUX, à Cousances-aux-Forges (Meuse),
  ETABLISSEMENTS KUHLMANN, à Lille (Nord),
  GUICHARD, à Lieusaint (Seine-et-Marne),
  KRIEG & ZIVY, à Montrouge (Seine),
  PUZENAT (Emile) & Fils, à Bourbon-Lancy (Saône-et-Loire),
  SENET, à Nogent-le-Rotrou (Eure-et-Loir),
  SIMON Frères, à Cherbourg (Manche),
  SOCIÉTÉ FRANÇAISE DE MATERIEL AGRICOLE, à Vierzon (Cher).

DIPLOMES D'HONNEUR

MM. BEAUPRÉ (E.), à Montereau (Seine-et-Marne),
  BOË-PAUPIER, à Paris,
  DAUBRESSE-LE-DOCTE, à Arras (Pas-de-Calais),
  GOUGIS (A.), à Auneau (Eure-et-Loir),
  LACROIX & Cie, à Caen (Calvados),
  SOUCHU-PINET, à Langeais (Indre-et-Loire),
  WALLUT & HOFMANN, à Paris et à Montataire,
  WINTEMBERGER Fils, à Frevent (Pas-de-Calais).

MÉDAILLES D'OR

MM. BIAUDET-FORTIN, à Montereau (Seine-et-Marne),
CARCELLE, à Origny-Ste-Benoite (Aisne),
ÉTABLISSEMENTS DELAHAYE, à Bohain (Aisne),
DUMAINE, à Moissy-Clamayel (Seine-et-Marne),
GÉRARD (Édouard) à Crouy (Aisne),
SOCIÉTÉ GAUTIER & Cie, à Quimperlé (Finistère),
LAFFLY, à Boulogne-sur-Seine (Seine),
LIOT Frères, à Bihorel (Seine-Inférieure),
MESLÉ, à Nevers (Nièvre),
MOLÉS (Usines de Moutières, à Amiens (Somme),
ROBILLARD, à Arras (Pas-de-Calais).

MÉDAILLES D'ARGENT

MM. BAUDRY Frères, à Brienne-le-Château (Aube),
BOURGET Frères, à Ancenis (Loire-Inférieure),
FLABA-THOMAS & Cie, à Le Cateau (Nord),
ROFFO & Cie, à Paris.

MÉDAILLES DE BRONZE

MM. BRISTIEL & Cie, à Pau (Basses-Pyrénées),
BROCHARD, à Paris,
JONNET & Cie, à Raismes (Nord),
QUIGNOT (P.), à La Queue-de-Joiselle (Marne).

Membres du Jury

Maison VIDAL-BEAUME

64 & 66, Avenue de la Reine, à Boulogne-sur-Seine

Maison fondée en 1860, par M. Léon BEAUME.

Le titulaire actuel succéda au fondateur, le premier janvier 1895, après six années de collaboration. Il a orienté sa fabrication du côté des appareils d'élévation d'eau.

L'exposition de M. VIDAL-BEAUME comprend :

1° Un *Moulin à Vent « Eclipse »* à orientation et réglage automatiques, monté sur charpente en fer, actionnant une pompe aspirante et foulante, dite « pompe siphon ».

Ce Moulin à vent réunit dans sa construction tous les perfectionnements suivants :

a. — La roue motrice est combinée pour donner le plus grand effet utile, par conséquent disposée pour recevoir le vent sur sa plus grande surface, et construite avec la plus grande légèreté possible, sans altérer sa résistance sous la pression du vent.

b. — Un système d'orientation automatique simple et sensible.

c. — Un système permettant au moulin de résister aux grands vents sans détérioration et sans l'emploi de ressorts ou de freins.

d. — Un système de réglage automatique qui assure à la roue motrice une vitesse maxima déterminée et qui ne doit pas être dépassée.

La pompe siphon dont il est parlé plus haut présente l'avantage de ne jamais se désamorcer, le piston et le clapet d'aspiration plongeant toujours dans le liquide conservé dans une double enveloppe; elle fonctionne dès la mise en marche, après un arrêt, même prolongé.

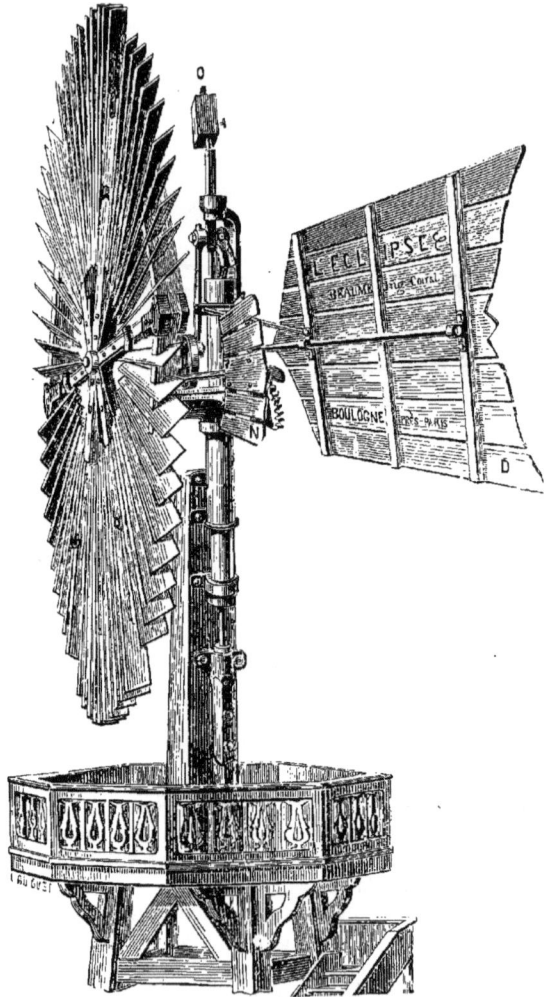

2° *Un Bélier Hydraulique à renouvellement d'air automatique.*

Les perfectionnements réalisés dans ce bélier sont les suivants :

a. — Rapprochement des soupapes d'arrêt et d'aspiration.

b. — Disposition spéciale de la soupape d'arrêt évitant l'usure rapide.

c. — Application d'un alimentateur automatique. pour le renouvellement dans la cloche de l'air dissous par l'eau ou entraîné par elle.

d. — Application d'un régulateur permettant de faire varier la dépense en eau du bélier.

3° *Une Pompe à trois corps superposés* pour puits profonds.

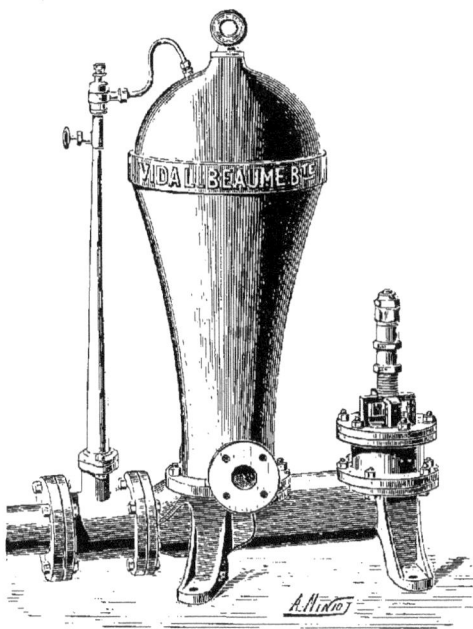

Les superpositions des corps assurent un rendement supérieur, un jet absolument continu, suppriment de nombreux joints et les soupapes d'aspiration, la pompe étant réduite à trois cylindres et à trois pistons munis de soupapes.

Cette pompe peut être commandée par manège, moulin à vent, ou par un moteur quelconque.

4° *Une Pompe à double effet*, à grande vitesse, pour élever l'eau à grande hauteur, et commandée par courroie;

5° *Une Pompe à volant*, à simple effet, pour petites élévations;

6° *Une Pompe à purin* montée sur chariot, à corps vertical, à clapets sphériques et démontage instantané, d'un débit horaire de 18.000 litres.

En outre des objets exposés, la Maison VIDAL-BEAUME construit encore de nombreux modèles de Pompes, tels que : *Pompes pour arrosage, à purin et à vidange, d'épuisement, Pompes à vin, à incendie, etc.,* et divers modèles de machines, tels que *Manèges, Pulsomètres, etc.*

Dans les précédentes Expositions Universelles, la Maison VIDAL-BEAUME a obtenu : *8 Médailles d'or,* à Paris 1878, Barcelone 1888, Paris 1889, Anvers 1894, Paris 1900 *(3 Médailles d'or),* Hanoï 1902, *4 Grands Prix* à Liège 1905, Milan 1906, Saragosse 1908, Buenos-Ayres 1910.

M. VIDAL-BEAUME, fut Secrétaire du Jury, à Londres 1910, à Bruxelles, il faisait partie du Jury de la Classe 37. Il fut désigné par ses Collègues pour remplir les fonctions de Secrétaire rapporteur du Jury des Classes 36 et 37 réunies.

A ce titre il fit partie du Jury du Groupe VII.

M. VIDAL-BEAUME étant Membre du Jury a été classé **Hors Concours.**

Maison MAGNIER-BÉDU

à Groslay, (Seine-et-Oise)

M. MAGNIER-BÉDU créa sa Maison en 1895. Il mit toute son activité à la construction du Matériel agricole, fit édifier une importante usine avec ses propres capitaux, installa une force motrice puissante ; sa production annuelle, des plus modestes au début, dépasse aujourd'hui 3.500 instruments aratoires divers.

Le matériel d'exploitation comprend actuellement : une machine à vapeur de 70 chevaux, une chaudière multitubulaire de 120 chevaux, 2 marteaux-pilons, 24 forges, 36 machines-outils, un four à pudler, un four à émailler.

Un vaste magasin d'Exposition est attenant à l'usine.

L'Exposition de M. MAGNIER-BÉDU comprend :

Une charrue bascule à 6 socs (3 sillons), entièrement en acier forgé, pour traction par treuils électriques, à vapeur ou à manège, poids 900 kilos.

Une charrue-brabant double, force un petit cheval, avec parties travaillantes en acier triplex « Jupiter ».

Une charrue-brabant double, force un fort cheval, avec tête nouvelle à régulateur perfectionné.

Ce système de tête, créé par M. MAGNIER, permet de régler, instantanément et une fois pour toutes, le point de traction ; il permet de faire les pointes.

Une charrue-brabant double, force 3 chevaux, avec essieu extensible et roues « Patent ».

Ce système d'essieu est disposé de façon à régler l'écartement des roues pour permettre de labourer dans les pépinières sans écorcher les plants.

Un semoir un soc, dit « Économique », avec lequel on peut semer toutes graines, depuis la plus fine jusqu'aux pois et haricots.

Une Houe Française « Idéale » (création de la Maison), se transformant de 30 façons différentes et pouvant être utilisée à tous travaux de culture.

En outre, des objets exposés, la Maison MAGNIER-BÉDU construit encore : *des Polysocs simples et doubles ; des Cultivateurs à dents flexibles et à dents rigides ; des Herses émotteuses avec graisseurs automatiques (perfectionnements de la Maison), des Herses articulées, des Rouleaux en tôle d'acier et en fonte, des Houes à bras et à cheval, des Arracheuses de betteraves et de pommes de terre.*

Dans les précédentes Expositions Universelles, la Maison MAGNIER-BÉDU a obtenu : en 1900, la *Médaille d'Argent ;* en 1904, à Saint-Louis, la *Médaille d'Or ;* en 1905, à Liège, un *Grand Prix ;* en 1906, à Milan, un *Grand Prix ;* en 1908, à Londres, un *Grand Prix ;* en 1908, à Saragosse, *Hors Concours* (Membre du Jury) et en 1910, à Buenos-Ayres, un *Grand Prix*.

M. MAGNIER-BÉDU, étant Membre du Jury International, a été classé **Hors Concours.**

Maison ÉMILE MAROT & Cⁱᴱ

Constructeurs, à Niort

La Maison a été fondée, en 1857, par Jules MAROT, inventeur du *Trieur à double effet* qui porte son nom. Il reçut comme récompense, en 1878, la *Croix de la Légion d'honneur*.

En 1890, il céda sa Maison à ses fils et à son gendre, M. Tribot, sous la raison sociale Marot Frères & Cⁱᵉ.

En 1895, M. Tribot s'étant retiré la Firme devint : Marot Frères.

En 1901, M. René Marot ayant vendu ses droits à son frère aîné, la raison sociale se transforma à nouveau sous la rubrique Émile Marot & Cⁱᵉ.

MM. Émile Marot & Cⁱᵉ exposent pour la première fois, à côté de leurs divers modèles de trieurs qui sont actuellement répandus dans le monde entier, et auxquels leur Maison, doit sa réputation *un Trieur muni d'un ventilateur à turbine.*

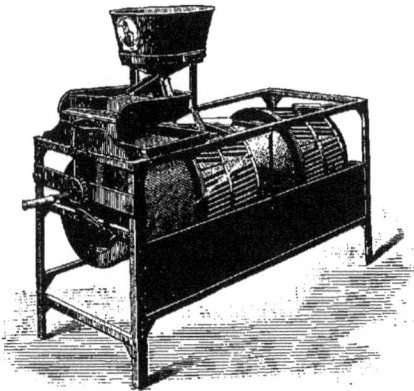

Les combinaisons heureuses du crible et de l'alvéole permettent le classement des grains d'après leur grosseur et leur longueur, le crible classant d'après la grosseur et l'alvéole d'après la longueur.

Or, il arrive fréquemment que certaines graines ont à la fois la même longueur et la même grosseur qu'un bon grain, d'où la nécessité de rechercher, en dehors de la grosseur, un troisième caractère permettant d'isoler ces mauvaises graines; ce troisième caractère, c'est la densité.

L'appareil présenté par MM. MAROT & C⁰ permet cette séparation d'une façon complète. Il n'a aucun rapport avec les petits ventilateurs ou tarares qui enlèvent seulement les poussières, balles, pailles et corps légers.

Le ventilateur à turbine est un appareil très étudié, extrêmement puissant sous un petit volume, qui permet le triage par densité de tous les grains ou graines. Il sépare des bons grains ou graines, non seulement les poussières, balles et pailles, mais encore tous ceux dont la densité n'est que très peu différente de celle du bon grain.

Il complète donc d'une façon absolue le travail préalablement obtenu à l'aide du crible et de l'alvéole.

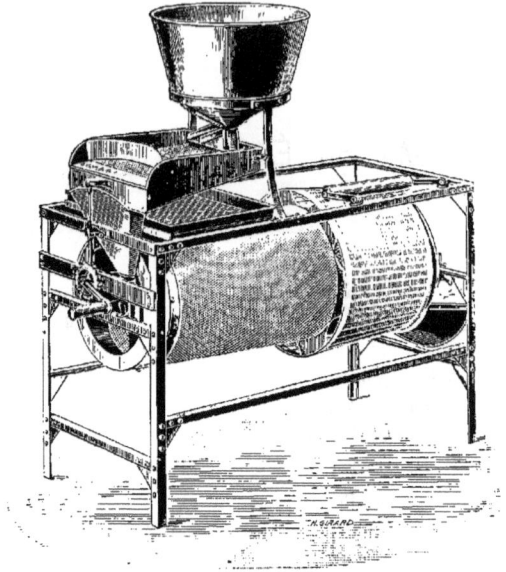

Les nombreux modèles de trieurs de MM. MAROT & C⁰ sont utilisés non seulement par l'agriculture, mais aussi par de très nombreuses industries, où un classement est nécessaire ; nous citerons en particulier : la meunerie, la brasserie et la graineterie.

Parmi les perfectionnements les plus intéressants apportés à ces appareils, nous mentionerons :

1° L'élévateur ensachoir automatique pouvant s'adapter à tous les modèles de trieurs.

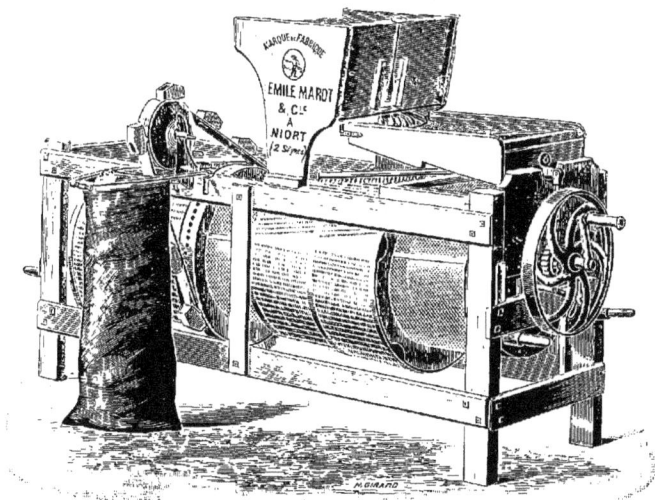

Dans tous les trieurs mobiles, le grain trié sort à une faible hauteur du sol, pour se déverser dans des caisses de faible contenance, en raison précisément de leur peu de hauteur; cet inconvénient est évité par l'addition de l'élévateur qui permet d'ensacher directement le grain trié, en réalisant de ce fait une sensible économie de main-d'œuvre.

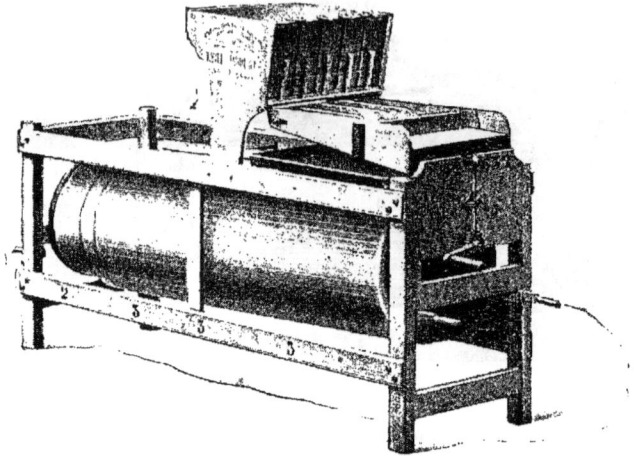

2° La construction de trieurs en 2 parties, pour en rendre le transport et la manutention plus faciles; la transmission du mouvement d'une partie à l'autre est réalisée au moyen d'un mécanisme extrêmement simple et robuste.

L'usine d'Antes, installée près de Niort, comprend un outillage spécial très perfectionné; elle a pris sous la direction actuelle un développement considérable et produit annuellement plusieurs milliers de Machines.

MM. Émile MAROT & Cie étant Membre du Jury International, la Maison MAROT & Cie a été classée Hors Concours.

SOCIÉTÉ ANONYME DES

Anciens ÉTABLISSEMENTS ALBARET

à Rantigny (Oise)

Maison fondée en 1845, par M. DUVOIR, charpentier à Liancourt (Oise). Il fut l'un des premiers à construire la *Batteuse* en France. Chevalier de la Légion d'Honneur. Mort en 1860.

M. ALBARET, ingénieur des Arts et Métiers, lui succéda en 1861. Il donna un grand essor à l'Industrie Agricole Française. Il prit une large part à toutes les Expositions Universelles et fut Membre du Jury à l'Exposition de Paris, 1889. Officier de la Légion d'Honneur, Officier du Mérite Agricole, etc., Président et fondateur de la Chambre syndicale (1885-1887). Décédé en 1891.

Son gendre, M. LEFEBVRE-ALBARET, lui succéda en 1892 avec la collaboration de Mme Veuve ALBARET et de M. G. LAUSSEDAT, ingénieur E. C. P. Depuis 1906, la Société des Anciens Établissements Albaret continue les traditions de ses prédécesseurs, tout en spécialisant sa construction.

La Société a pris part aux Expositions Universelles de Paris 1900, Londres 1908, Turin 1911 où elle obtint un Grand Prix.

M. Lefebvre-Albaret fut Membre du Jury à Liége 1905, Milan 1906, Saragosse 1908, Bruxelles 1910. M. Lefebvre-Albaret est Chevalier de la Légion d'Honneur, Commandeur du Mérite Agricole, Président de la Chambre syndicale des Constructeurs de Machines Agricoles de France.

Les Ateliers Albaret sont situés à Rantigny (Oise), sur la ligne du Nord.

Ils occupent 400 ouvriers et sont actionnés par des groupes électrogènes de 300 HP.

La Société des Anciens Établissements ALBARET a spécialisé sa construction dans les articles suivants :

Locomobiles. — Batteuses. — Presses à fourrages. — Rouleaux et Routières. Dans une annexe spéciale, elle construit, avec un outillage des plus modernes, les pièces détachées pour *automobiles* : Ponts arrière, Boîtes de vitesse, Directions, etc.

Dans son Stand, la Maison ALBARET a exposé :

1° *Locomobiles.* — La locomobile à flamme directe est la plus répandue en Agriculture et dans l'entreprise de battage. Elle se construit en deux forces différentes : l'une de 10 HP, pour actionner une batteuse seule, l'autre de 16 HP pour faire mouvoir simultanément une batteuse et une presse à grand travail.

La locomobile à foyer carré, force économique 20 HP est aussi une spécialité de la fabrication des Établissements ALBARET, et trouve son application dans les grosses exploitations ou entreprises, scieries briqueteries, etc.

2° *Batteuses.* — Les batteuses ALBARET répondent aux besoins actuels de la culture, notamment le nouveau modèle 1911, dont les principales qualités sont la simplicité, la légèreté de traction, l'économie d'entretien, un travail parfait. Elles se distinguent tout particulièrement par leur double nettoyage, qui a son mouvement en travers, comme le tarare de grenier, et qui donne les mêmes résultats.

Leur rendement peut varier de 50 à 200 quintaux par jour.

3° *Presses à fourrages.* — Les Établissements ALBARET ont été les premiers Constructeurs des Presses à fourrage et à paille, et ont acquis dans cette spécialité une grande notoriété. Les modèles usités sont ceux dits à retour rapide et combinés pour être accouplés aux batteuses, et constituer ainsi le matériel de battage-pressage.

Les différents modèles construits peuvent donner des rendements journaliers variant de 10 à 40 tonnes.

4° *Rouleaux et Routières.* — A la classe du génie civil, la Maison ALBARET expose en outre un rouleau à vapeur dont elle s'est fait depuis de longues années une spécialité. Les rouleaux du type ALBARET sont employés pour le service des Ponts et Chaussées, tant en France qu'à l'Étranger, par un grand nombre de Municipalités et d'Entrepreneurs de Cylindrage. Un nouveau modèle léger de 5 à 6 tonnes convient parfaitement aux Colonies.

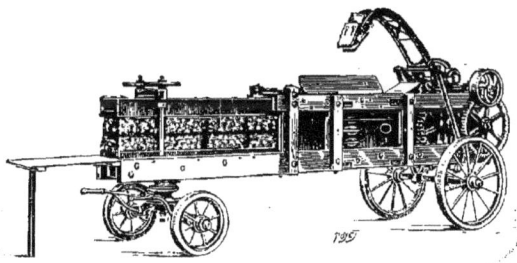

La Routière légère " *Agromotive* " se recommande comme tracteur et moteur dans tous les travaux agricoles, et par sa conduite facile, peut rendre de très importants services.

Le Siège social des Établissements ALBARET est à Rantigny (Oise).

La Maison possède deux Agences : 7 *bis*, rue du Louvre, à Paris ;

Et 70, boulevard Victor-Hugo, à St-Quentin.

A l'Exposition de Bruxelles, M. LEFEBVRE-ALBARET fut Membre du Jury. la Firme fut classée **Hors Concours**.

Maison AUGUSTE HIDIEN

à Châteauroux (Indre)

Maison créée, en 1834, par J.-B. HIDIEN, à Déols (Indre) et transférée à Châteauroux, en 1860. A l'origine, la Maison fabriquait des instruments aratoires.

M. A. HIDIEN a succédé à son père en 1866 et c'est de cette époque que date la construction des locomobiles et des batteuses dans la Maison.

M. HIDIEN a exposé une *Batteuse à graines fourragères*. La construction de ces machines constitue, depuis de longues années, l'une des spécialités de la

Maison. Ces machines, que nous avons remarquées aux Expositions françaises et étrangères depuis 1889, sont d'une construction bien étudiée et très soignée.

Elles sont employées non seulement dans toutes les régions de France mais dans tous les pays étrangers producteurs de graines fourragères.

Bien que d'une extrême simplicité, ces batteuses font d'un seul coup toute l'opération du battage des graines et elles mettent, en sac, les graines parfaitement nettoyées et livrables au commerce sans aucune retouche.

Nous rappelons ici les hautes distinctions obtenues par M. HIDIEN : *La Croix d'Officier de la Légion d'Honneur; la Croix de Commandeur du Mérite Agricole; la Rosette d'Officier de l'Instruction Publique.*

Président de la Chambre de Commerce de l'Indre, M. HIDIEN est ancien Président de la Chambre Syndicale des Constructeurs de Machines Agricoles de France.

En outre des objets exposés, la Maison HIDIEN construit encore *les Locomobiles; les Batteuses à céréales; le Matériel de submersion.*

Dans les précédentes Expositions Universelles, la Maison a obtenu : *Médailles d'Or*, Paris 1878 et 1889 les plus hautes récompenses; *Hors Concours*, Paris 1900, Membre du Jury et Rapporteur Classe 35; *Grand Prix*, Saint-Louis (États-Unis) 1904; *Hors Concours*, Membre du Jury, Liège 1905; *Hors Concours*, Membre du Jury, Milan 1906; *Hors Concours*, Président du Jury, Bruxelles 1910.

Étant Président du Jury de la Classe 35, M. HIDIEN a été classé **Hors Concours**.

Maison DARLEY-RENAULT
à Nemours (Seine-et-Marne)

M. DARLEY-RENAULT fonda sa Maison en février 1886.

Son Usine est classée aujourd'hui parmi les plus importantes industries de Machines Agricoles de France.

Il se spécialisa dans la fabrication des *Charrues* de toutes sortes, *Brabants, Déchaumeuses, Houes, Herses, Rouleaux* et en particulier dans celle des *Bineuses* à transformations pour la culture de la betterave, de la vigne et de la pomme de terre.

Les instruments exposés à Bruxelles par M. DARLEY-RENAULT possèdent tous de nombreux et récents perfectionnements, il y a lieu de signaler :

1° *Une déchaumeuse* à 3 ou 4 socs à volonté, montée avec nouveau levier de direction, permettant de régler et d'amener une marche régulière à cet instrument pendant le travail, sans en arrêter l'attelage.

La disposition est telle que ladite déchaumeuse peut se transformer, instantanément, en déchaumeuse à 3 ou 4 socs à volonté, sans que sa stabilité puisse varier. La traction nécessaire est de deux chevaux. Les versoirs et les socs sont en acier trempé à centre doux.

2° *Un nouveau Brabant double*, création 1910, modèle C. tout en acier forgé, avec versoirs en acier trempé à centre doux, pour terres extra collantes, et disposé avec essieu à coulisse et roues « Patent ».

3° *Une série de bineuses* à transformations multiples, à écartement variable et réglage instantané, exclusivement en acier forgé, s'employant indifféremment pour la culture de la vigne, de la pomme de terre et de la betterave.

La transformation se fait à l'aide de différents socs qui se fixent au bâti à l'aide de deux simples colliers en acier forgé.

4° *Un Coupe-racines D.-R.* à double vitesse avec trémie en fer forgé pouvant fonctionner à bras et au moteur.

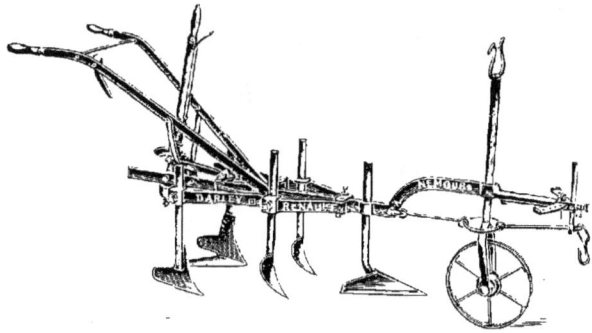

En outre des objets exposés, la Maison DARLEY-RENAULT construit encore des *Rouleaux, Herses, Extirpateurs, Cultivateurs, Arracheurs de betteraves et de pommes de terre, Houes, Charrues à vigne, Bineuses-démarieuses, Coupe-racines, Concasseurs, Manèges*, etc.

Dans les précédentes Expositions Universelles, la Maison DARLEY-RENAULT a obtenu de nombreuses récompenses : *Grand Prix*, Liège 1905; *Grand Prix*, Milan 1906; *Grand Prix*, Londres 1908; Membre du Jury, *Hors Concours*, Saragosse 1908; *Premier Prix*, Buenos-Ayres 1910.

M. DARLEY fait partie, depuis de longues années, des Comités d'Admission et d'Installation de toutes les Expositions Universelles. A Saragosse, à Buenos-Ayres et à Bruxelles, il a rempli les délicates fonctions de Secrétaire de la Classe 35 (Groupe VII).

Il est Secrétaire Général de l'importante Chambre Syndicale des Constructeurs de Machines Agricoles de France, a été désigné à l'Exposition de Bruxelles **Hors Concours** (Membre du Jury) et Secrétaire rapporteur du Jury, Classe 35.

P. COZETTE

Médecin-Vétérinaire, à Noyon (Oise)

Produits phosphatés pour l'alimentation des animaux. — Depuis une quinzaine d'années, M. P. COZETTE s'est fait une spécialité des produits phosphatés pour l'alimentation des animaux.

Les nombreuses expériences rapportées par l'auteur ont montré d'une façon péremptoire *l'action incomparable exercée par l'acide phosphorique sur la croissance et le développement général des animaux*.

C'est sous forme de *poudre d'os, de phosphate retiré des os* et de *farine phosphatée* que M. COZETTE nous présente ses produits.

Ils ont l'avantage d'être *complètement solubles* dans le suc gastrique de l'estomac, à l'encontre des phosphates d'origine minérale. Ils sont en outre exempts de matières salines et de chaux libre.

Pour les tout jeunes animaux, M. COZETTE a préparé une *Farine phosphatée* qui donne les meilleurs résultats dans l'élevage des veaux et des porcelets, notamment. Cette méthode d'alimentation permet au cultivateur de vendre son lait, ou de faire du beurre et du fromage tout en se livrant en même temps à l'élevage des veaux et porcelets.

Les travaux de M. COZETTE ont puissamment contribué à la vulgarisation de l'emploi des phosphates dans l'alimentation des animaux.

La Société des Agriculteurs de France lui a décerné une Médaille de Vermeil en 1901, une Médaille d'Or en 1903 et le Grand Prix Agronomique en 1903. — *5 Médailles d'argent aux Expositions Internationales de Liège* (1905), *Milan* (1906), *Londres* (1908), cl. 35, 36 et 53). — Grand Prix (en collectivité) Saint-Louis (1904), cl. 53.

Hors Concours, Expert du Jury.

MAISON BARIQUAND & MARRE

Société anonyme

127, Rue Oberkampf, Paris

La MAISON BARIQUAND a été fondée en 1834, par Louis Ferdinand Jules BARIQUAND.

Maison BARIQUAND & MARRE, de 1890 à 1900.

Société Anonyme des Ateliers BARIQUAND & MARRE, fondée en 1901, par M. Émile BARIQUAND, Commandeur de la Légion d'Honneur, et par M. Charles MARRE, ancien élève de l'École Polytechnique, Chevalier du même ordre.

La Société est administrée depuis 1902 par M. BARIQUAND (Jules), comme Administrateur-délégué.

M. BARIQUAND (Jules) est le petit-fils du fondateur de la Maison BARIQUAND.

La Société des Ateliers BARIQUAND & MARRE exposait :

1° Divers types de *Tondeuses à main* de sa fabrication, notamment : les modèles pour chevaux et pour moutons à la marque « La Facile » (fig. 1 et 2).

Cette marque est universellement connue, comme désignant un système de tondeuse qui a fait l'objet de divers brevets français et étrangers, pris dès l'année 1882.

L'éloge de ce système n'est plus à faire, il suffira d'indiquer que la production annuelle réclamée par la consommation s'élève à plus de 400.000 pièces de cette seule marque.

Sa particularité consiste en ce que toutes pièces composant la tondeuse sont reliées ensemble et maintenues par un seul boulon surmonté d'un écrou, ce qui rend le réglage particulièrement aisé, ainsi que le nettoyage et évite pour le démontage les risques attachés aux systèmes antérieurs dont les parties coupantes étaient fixées au moyen d'axes rivés.

2° Quelques échantillons de *Tondeuses humaines* de sa fabrication, entre autres :

Le *Ciseau Bariquand* qui fut longtemps le seul modèle règlementaire de l'armée ;

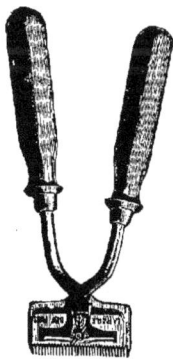

La *Tondeuse Dalila* qui constitue une heureuse amélioration brevetée des systèmes actuellement connus.

3° Ses modèles de *Tondeuses mécaniques*, actionnés à la main pour la tonte des chevaux et des moutons, dont le modèle (fig. 3) dénommé *Tondeuse Messidor*.

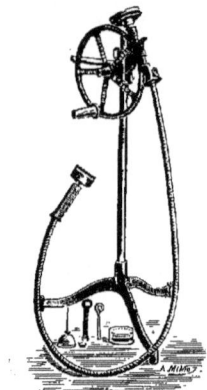

Cette tondeuse comprend :

1° *La tête*. — Le manche et l'écrou de réglage enlevés, toutes les pièces se démontent à la main. l'intérieur du manche est conique, il ne tient sur la tête que par adhérence et il se déboîte aisément en tournant.

2° *Le flexible et son enveloppe*. — L'enveloppe du flexible est tenue dans le support au fond du cône au moyen d'une vis à main et sur la tête de tondeuse par un culot emboîté dans le manche.

3° *Le support de commande*. — La roue de commande qui porte la poignée, tourne sur un arbre dont la base est excentrée. Cet avantage permet, en se servant de la broche et de la clé, de régler exactement la position de la roue par rapport au pignon hélicoïdal et d'obtenir ainsi un roulement parfait, en ayant soin de pousser l'arbre excentré jusqu'à ce que son embase vienne toucher sur le moyeu de la roue.

Le support de commande est réglable en hauteur le long du tube porté par le trépied au moyen des vis de serrage à main.

L'arbre du pignon hélicoïdal qui porte le volant tourne sur un roulement à billes.

La tête de cette tondeuse, ordinairement établie pour la tonte des chevaux, peut être remplacée à volonté :

Par une tête spéciale (fig. 4), qui grâce à la disposition particulière des plaques coupantes à deux rangées de dents parallèles permet de faire rapidement la tonte des pieds des chevaux.

Par une tête spéciale pour la tonte des moutons.

Cette combinaison de tête spéciale offre de grands avantages pour le petit cultivateur ou fermier qui à l'aide d'une seule tondeuse et de ces têtes peut indistinctement tondre les divers animaux attachés à son exploitation.

4° Sa *Tondeuse Jumelle*, à double tête spéciale, pour la tonte des moutons.

Cette tondeuse réalise une économie de main-d'œuvre importante et convient tout spécialement aux agriculteurs possesseurs de troupeaux de quelques centaines de têtes, et aux tondeurs qui font l'entreprise de tonte dans les fermes dépourvues de force motrice. Un seul aide, tournant au volant, dessert deux tondeurs qui peuvent faire facilement sans aucune fatigue,

plus de 200 moutons dans leur journée. Chacune de ces têtes, commandée simultanément, est munie d'un débrayage, de sorte qu'elles peuvent être isolées à volonté, être arrêtées ou mises en marche indépendamment.

5° Enfin, sa *Tondeuse automatique*, pour la tonte des moutons.

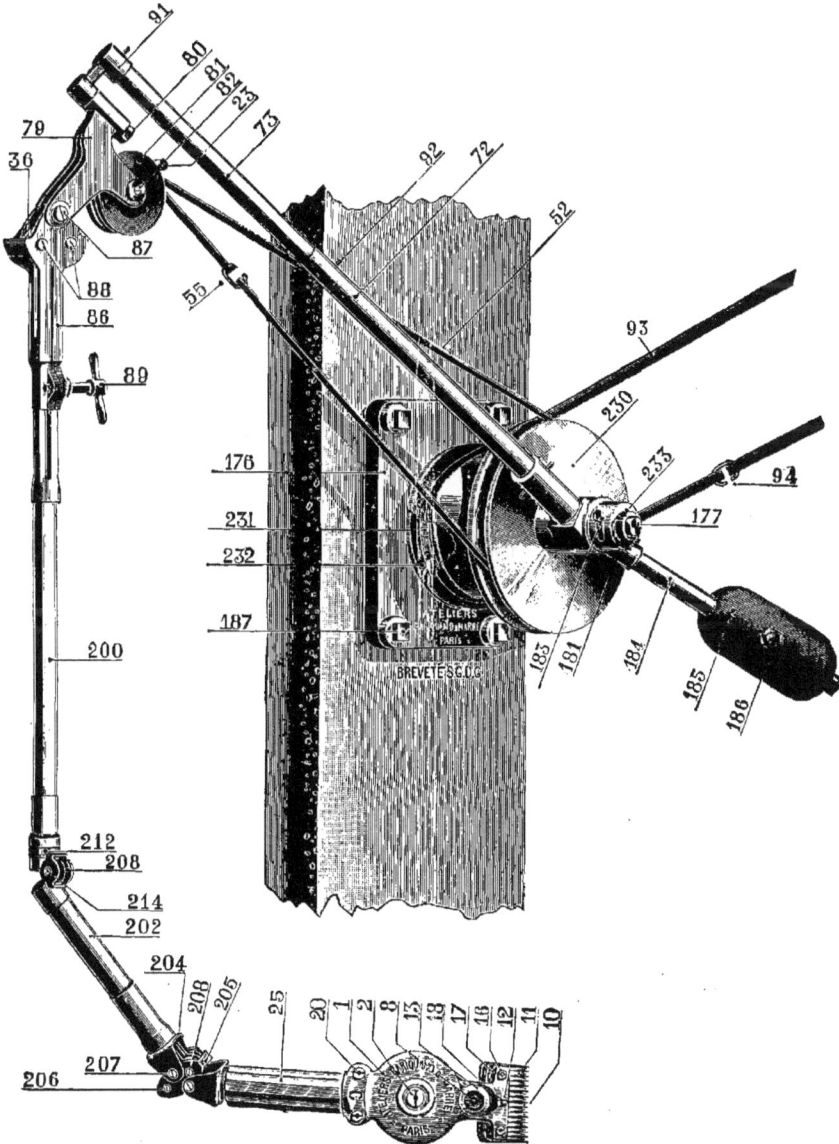

Plusieurs milliers de tondeuses de ce système sont actuellement en usage en République-Argentine et dans divers États du Sud-Américain.

Elle est également avantageusement connue en France, où son usage se répand de plus en plus, notamment dans les régions de l'Est et du Nord-Est.

Comme le montre le dessin d'ensemble de la machine montée (fig. 5), la tondeuse est suspendue à l'extrémité d'un levier composé d'un levier-tube nos 72-73 et de la douille no 181 tournant autour de l'axe du renvoi. La tondeuse est articulée au bout du tube no 202, réunie par une chape au tube no 208 et oscille en tous sens à l'extrémité du levier nos 72-73, au moyen de la chape no 79 qui porte les poulies no 81. L'ensemble est équilibré par le contrepoids no 185 qui agit sur la douille no 181. Cette douille est maintenue en place par une vis 6 pans no 188 engagée dans une rainure ménagée à cet effet. Les poulies du renvoi, nos 230, 231 et 232 sont maintenues elles-mêmes par la douille no 233, de sorte que tout le système se démonte en enlevant la seule vis 6 pans no 183. Le mouvement du levier 72-73 commande la mise en marche et l'arrêt de la tondeuse, de sorte que celle-ci fonctionne seulement lorsqu'on abaisse le levier pour tondre, et qu'elle s'arrête lorsqu'on laisse relever le levier pour lâcher la tondeuse.

Par la disposition du levier équilibré, les tubes nos 200-202, intermédiaires entre la chape no 79 et la tondeuse suivant les mouvements de la main ou restant toujours droits. La corde qui actionne la tondeuse passe dans la gorge de la poulie de commande no 230, puis sur les poulies no 81 de la chape no 79. Enfin, en sortant des tubes nos 200-202, elle pénètre dans la tondeuse entre les galets de la chape d'arrière et vient actionner la poulie intérieure de la tondeuse et par suite les peignes au moyen du levier mobile. La corde retourne au renvoi en suivant le chemin inverse.

Tout l'ensemble est parfaitement équilibré et la tondeuse étant en marche, l'ouvrier n'éprouve à la main ni résistance, ni secousse, de sorte qu'il travaille rapidement, sans effort et sans fatigue.

En outre des objets exposés, la Société des Ateliers BARIQUAND & MARRE construit encore des *Machines-outils pour le travail des métaux*, des *Instruments vérificateurs de haute précision*, de l'*Outillage de mécaniciens*, de la *Tisserie mécanique*, des *Compteurs à eau*, des *Moteurs pour automobiles et aéroplanes*, etc.

Dans les précédentes Expositions Universelles la Maison a obtenu : Vienne 1873, *Fortschritto* médaille; Paris 1878, *Hors Concours*, Membre du Jury; Anvers 1885, *Hors Concours*, Membre du Jury; Paris 1889, *2 Grands Prix*; Paris 1900, *Hors Concours*, Membre du Jury.

La Maison BARIQUAND & MARRE étant Membre du Jury, a été classée **Hors Concours** par le Jury de l'Exposition de Bruxelles.

Grands Prix

Maison ANTOINE BAJAC

à Liancourt (Oise)

L'Usine BAJAC a été fondée vers 1850, par M. Delahaye, elle devint ensuite la propriété de M. BAJAC, son gendre, ancien élève des Ecoles d'Arts et Métiers.

Cette Usine prit un essor important en se spécialisant dans la fabrication des *Charrues brabants doubles, Charrues à vapeur*, et en général tous outils à travailler le sol, entretenir et extraire les plantes. Une ferme y est annexée et des champs pour l'expérience des appareils sont à proximité des ateliers. Une voie normale de raccordement relie l'usine au Chemin de fer du Nord en traversant les terrains de culture.

Les Etablissements BAJAC, de Liancourt, occupent aujourd'hui 250 ouvriers qui ne connaissent pas le chômage.

Le Stand de la Maison BAJAC comprend :

Une Charrue bascule, polysoc trisoc, pesant 1100 kgs, pour labours de 0 m. 25 pouvant fonctionner à traction mécanique ou animale.

Une série de *Charrues brabants doubles*, entièrement en acier, forgé ou moulé : l'une de ces charrues brabants est agencée de versoirs évidés dits à claire-voies pour terres collantes.

Tous les versoirs de ces charrues sont en métal dit « *Triplex* » à centre doux, à extérieur trempé.

Une *Herse écrouteuse émotteuse*, destinée à rompre les mottes.

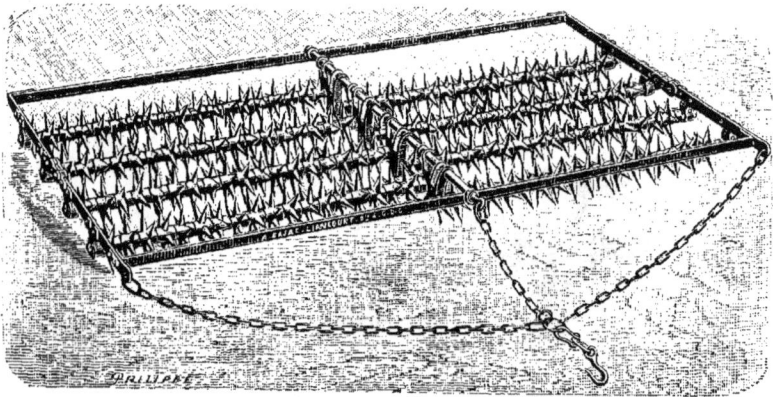

Une Herse souple, entièrement en acier, avec dents en forme de pointes et couteaux pour le travail des prairies.

Une Arracheuse de betteraves, munie de roues lourdes et coutres circulaires pour l'extraction d'une ligne de betteraves.

Deux Supports montrant des pièces diverses de cultivateurs et houes.

Trois Agrandissements photographiques, montrant le labourage par treuil.

En outre des objets exposés, la Maison Bajac, de Liancourt, construit encore des *Appareils de Moto-culture*, fonctionnant à l'aide de moteurs à explosion et particulièrement un nouveau système de *Tracteur-Treuil* et une *Houe automobile* à grand travail.

Dans les précédentes Expositions Universelles, la Maison Bajac a obtenu : Paris 1867, *Grande Médaille d'Or*; Paris 1878, *Médaille d'Or*; Paris 1889, seul *Grand Prix* des Machines agricoles françaises; Paris 1900, *Hors Concours*, Membre du Jury; *Grands Prix :* Anvers 1894, Bordeaux 1895, Bruxelles 1897, Liège 1905, Milan 1906, Londres 1908; *Hors Concours :* Hanoï 1902, Saragosse 1908.

Le Jury de l'Exposition de Bruxelles 1910, lui a accordé un **Grand Prix**.

M^{on} CHAMPENOIS-RAMBEAUX & Cie

Cousances-aux-Forges (Meuse)

Fondé en 1872, cet Établissement a débuté par la Construction de la " *Roue en fer* " à l'usage des Instruments aratoires et autres.

A cette spécialité a été adjoint par la suite, la Construction des Instruments agricoles d'intérieur et d'extérieur de ferme décrit ci-dessous.

Aujourd'hui, cet Établissement comprend trois Usines : Usine de Cousances-aux-Forges (Meuse) pour la Construction des *Appareils Agricoles*. Usine de Chamouilley-Haut (Haute-Marne) *Roue en fer et Essieu*. — Fonderie du Château, à Cousances-aux-Forges (Meuse).

L'Exposition de la Maison CHAMPENOIS-RAMBEAUX et Cie, comprend :

Une série de *Rateaux à Cheval* marques brevetées S. G. D. G. " *Continental* ", etc.

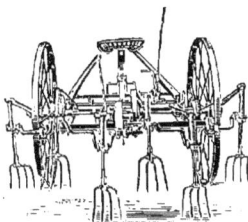

Faneuse " Excelsior "
Cultivateur à ressort " Continental ".

Herses à ressort " Diamant "

Série de : *Coupe-Racines, Concasseurs, Aplatisseurs de grains, Moulins, Brise-Tourteaux, Meules pour aiguisage des lames de Faucheuse, Hache-Paille, Broyeurs de pommes, Broyeurs de pommes de terre, Tarares, Ventilateurs, Barattes, Rouleaux tôle uni, Rouleaux acier ondulé, Rouleaux fonte ondulée, Nourrisseurs de Volailles.*

En outre la Maison Champenois-Rambeaux et Cie construit encore des *Roues en fer* pour instruments Agricoles et Industriels et des *Roues en fer et bois*, brevetées S. G. D. G. pour tout usage, marque "*Impérissable*" déposées.
Fonderie de fonte de seconde fusion.

Dans les précédentes Expositions Universelles, la Maison Champenois-Rambeaux a obtenu : *Médaille d'Argent*, Paris 1889, *Médaille d'Or*, Paris 1900, *Grand Prix*, Bruxelles 1910.

Le Jury de l'Exposition de Bruxelles 1910, lui a accordé un **Grand Prix**.

MANUFACTURES

DE PRODUITS CHIMIQUES DU NORD

(ÉTABLISSEMENTS KUHLMANN)

13, Square de Jussieu, Lille

Maison fondée en 1825, par l'Illustre Chimiste FRÉDÉRIC KUHLMANN, Usines à Loos, La Madeleine, Wattrelos (Nord); Amiens (Somme); Petite-Synthe (Nord); Hennebont (Morbihan); une Usine d'acide sulfurique et de superphosphates en Construction à Ertvelde, près Selzaete-les-Gand (Belgique), 2.200 ouvriers et employés. Les Usines couvrent une superficie de 72 hectares.

Les Établissements KUHLMANN fabriquent les *Acides sulfurique* et *Oléum* à tous degrés de concentration; les *Acides muriatique, nitrique,* les *Cristaux, lessives, Sels caustiques, Bisulfite* et *Hyposulfite de soude,* les *Silicates et Fluosilicates,* le *Trisulfite de chaux,* les *Chlorure de chaux sec* et *liquide, l'Eau de javel, l'Eau oxygénée,* le *Chlorozone,* les *Sulfates de soude,* de *zinc, de cuivre, de fer,* le *Sulfate ferrique,* le *Nitrate de cuivre,* le *Perchlorure de fer,* le *Sulfure de sodium,* le *Sulfhydrate de sodium,* et enfin les *Superphosphates de chaux* et *d'os* et les *Engrais composés.* Les *Engrais Chimiques* constituent une des plus grandes fabrications des Établissements KUHLMANN qui ont pris place parmi les plus grands Producteurs et tout au premier rang des Maisons d'Exportation.

En nous bornant aux principaux produits, les Manufactures de Produits Chimiques du Nord fabriquent 150.000 Tonnes d'Acide Sulfurique (à tous degrés) et 150.000 Tonnes de Superphosphate de Chaux annuellement.

Sulfate de cuivre et superphosphates sont exportés notamment en Algérie, en Espagne, Italie, Portugal, Danemark, Suède, Russie.

Les générateurs (45) des Usines représentent une force totale de 2.500 chevaux.

Institutions Patronales. — Caisse de secours aux ouvriers malades - - Caisse d'épargne pour les ouvriers (au taux de 5 °/°, 500 Adhérents environ) --- Primes mensuelles aux ouvriers ayant un certain nombre d'enfants Allocations de retraites au personnel employé et ouvrier, etc...

Améliorations Hygiéniques. — Captation des poussières et des gaz nocifs - - Epuration des gaz avant leur envoi dans l'atmosphère, etc...

Dans les précédentes Expositions Universelles, la Maison KUHLMANN a obtenu : un *Grand Prix* à toutes Expositions antérieures, Vienne 1873, Paris 1878, Anvers 1884, Paris 1889, Bruxelles 1897, Paris 1900, Liége 1905, etc., et a été classée plusieurs fois *Hors Concours*.

Le Jury de l'Exposition de Bruxelles 1910, lui a accordé un **Grand Prix**.

Maison A. GUICHARD

Constructeur, à Lieusaint (Seine-&-Marne)

Cette Maison a été fondée en 1845, par M. PILLIER, et M. A. GUICHARD, en est le Successeur depuis 1882.

Les Établissements de M. A. GUICHARD, situés à Lieusaint, occupent une superficie de 22.000 mètres, comprenant les ateliers magasins et dépendances.

Les Ateliers sont pourvus d'un outillage moderne qui assure une production journalière très importante, le personnel se compose d'une moyenne de 70 ouvriers, 10 Employés de bureau et magasins.

La principale Industrie de la Maison est la fabrication des Instruments Aratoires de toutes sortes, tous les types sont spéciaux à la Maison.

Les Instruments exposés à Bruxelles étaient les suivants :

Une Charrue brabant double, pourvue de versoirs pleins,

Une Charrue brabant double, pourvue de versoirs à claire-voie,
Une Charrue brabant simple,
Une Charrue à trois socs, enfouisseuse déchaumeuse.

Pulvérisateur, à traction animale contenance 400 litres, servant à répandre des solutions cupriques pour la destruction de la sauve ou sénés sauvages dans les céréales et aussi pouvant servir au traitement des maladies des betteraves et des pommes de terre.

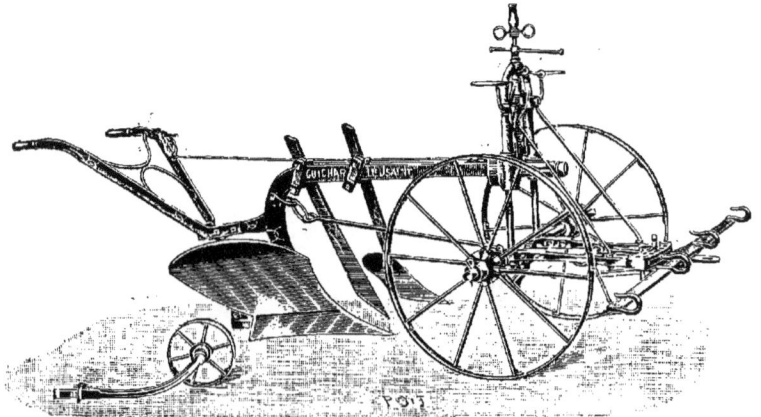

Les principales Récompenses obtenues par la Maison A. GUICHARD dans les dernières Expositions sont : *Médaille d'Or*, Paris 1900 ; *Médaille d'Or*, Hanoï 1903 ; *Médaille d'Or*, Saint-Louis 1904 ; *Grand Prix*, Liège 1905 ; *Grand Prix*, Milan 1906 ; *Grand Prix*, Saragosse 1908 ; *Grand Prix*, Bruxelles 1910 ; *Membre du Jury, Hors Concours*, Londres 1908.

Le Jury lui a accordé un **Diplôme de Grand Prix.**

E. KRIEG & P. ZIVY

21, Rue Barbès, Montrouge (Seine)

Anciennes Maisons A. GIVRY et A. MOUROT, créées en 1840 et 1850.

Les objets exposés comprenaient : *Echantillons de Tôles perforées*, pour Machines Agricoles, telles que *Tarares, Trieurs, Machines à battre, Egrappoirs, Semoirs, Presses continues*, etc.

En outre des objets exposés, la Maison KRIEG ET ZIVY construit encore : des *Tôles perforées* pour la meunerie, la brasserie, la distillerie, la sucrerie, la papeterie, les produits chimiques, les mines, etc.

Disques dentés pour moteurs électriques, *Tôles découpées* pour transformateurs électriques, magnétos, etc.

Tôles découpées et estampées, Rondelles en tous genres.

Tubes en étain pour produits pharmaceutiques, couleurs, etc.

Dans les précédentes Expositions Universelles, la Maison KRIEG ET ZIVY a obtenu : *Grand Prix*, Liège 1905, Milan 1906, Marseille 1908.

Le Jury de l'Exposition de Bruxelles 1910, lui a accordé un **Grand Prix**.

M^ON ÉMILE PUZENAT & FILS

Usine Saint-Denis, à Bourbon-Lancy (S.-&-L.)

Maison fondée en 1874. Elle occupe actuellement 360 ouvriers ou employés. Elle est pourvue de deux Machines à vapeur. La somme totale de force de chevaux disponibles est de 500. Outillage moderne et perfectionné. Machines à forger, machines-outils pour travailler le fer et le bois ; Peinture par immersion dans les bains. Manutention électrique.

Les objets dont l'Exposant a introduit la fabrication dans son pays sont les *Râteaux à cheval* et *Faneuses*.

La Maison est titulaire de 15 brevets pour améliorations diverses apportées aux *Râteaux à cheval*, *Herses*, etc.

Son Usine moderne, construite avec tous les perfectionnements possibles, est faite pour assurer le bien-être et le confort de l'ouvrier et sa sécurité. Assurance contre les accidents, cités ouvrières, etc.

Sa valeur productive moyenne de l'année est de quarante-cinq mille Machines et son chiffre d'affaires de quatre millions trois cent mille francs.

De très grandes quantités d'instruments sont exportés dans tous les pays d'Europe, surtout en Italie, en Belgique, et en Suisse.

Le Stand de la Maison PUZENAT ET FILS comprend : Râteaux à cheval *Lion-Supérieur*, Râteaux à décharge latérale *Impérator*, Faneuse à fourche *Vérité*, Extirpateur *l'Universel*, Herse canadienne *Silex*, Herse *Couleuvre*, Houe à cheval *l'Européenne*.

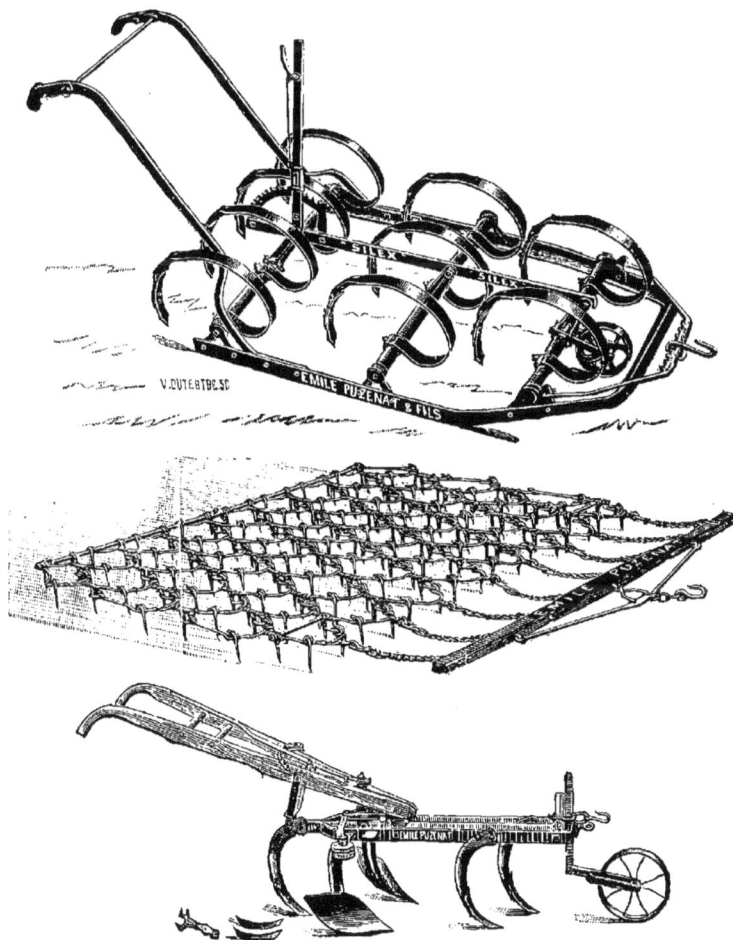

Dans les précédentes Expositions Universelles et Internationales Officielles, la Maison PUZENAT ET FILS a obtenu : *Médaille d'Or*, Paris 1900; *Grand Prix*, Liège 1905; *Hors Concours*, Membre du Jury, Milan 1906; *Grand Prix*, Saragosse 1908; *Hors Concours*, Membre du Jury, Londres 1908;

À l'Exposition de Bruxelles 1910, la Maison PUZENAT & FILS a obtenu un **Grand Prix**.

Maison ADRIEN SENET

A Nogent-le-Rotrou (Eure-&-Loire)

Cette Maison, fondée en 1850 par M. CHAMPONNOIS, fut réunie en 1889 à la Maison PELTIER jeune, fondée en 1855, que M. SENET avait acquise en 1883, et la Maison fondée en 1882 fut réunie à la Maison SENET en 1904. M. SENET est donc successeur depuis 1883. Installée d'abord à Paris, 10, rue Fontaine-au-Roi, M. SENET, pour augmenter sa fabrication, transporta, en 1900, ses ateliers à Nogent-le-Rotrou et ne conserva à Paris que ses Bureaux et Magasins de Spécimens.

La Maison SENET exposait : Un *Coupe-Racines,* série Peltier-Senet

perfectionné; *Un Moulin à farine*, à meule en pierre, à bras; *Un Décortiqueur à café*, en cerises sèches, à bras; *Un Broyeur* de glaces; *Trois Vannes* à boulets pour métaux, etc.

Les *Coupe-Racines* de cette série sont de plus en plus appréciés. La trémie est en tôle, le plateau est disposé de façon à recevoir les lames qui sont fixées par des boulons démontables et non par tiges taraudées comme dans l'article quincaillerie. La trémie est en escargot; une seule betterave peut être coupée. Pas besoin d'avoir la trémie chargée, etc., etc.

Le *Moulin à farine* est très employé dans les missions et pays de montagnes. Il fait de la bonne farine panifiable, etc.

Le *Décortiqueur à cafés* à bras et cerises sèches convient aux colonies pour les petits propriétaires. Décortique parfaitement les cafés les plus difficiles, tels que le libéria, etc.

Le *Broyeur à glace*, convient pour les glaciers, les marchands de poissons, de conserves, etc.

Les *Vannes* conviennent pour les étangs, réservoirs, pisciculture, lavoirs, etc.

En outre des objets exposés, la Maison SENET construit encore : des Pompes en tous genres, *à Purin, à eau et vins*, les *Tonneaux d'arrosages, Parois et tout le matériel hydraulique.*

Le Matériel de distillerie Agricole, les Presses à fourrages, les Coupe-Racines, les Herses diverses, les Elévateurs, les Hache-paille, (fournisseur de l'Armée pour cet article), *les Râpes, les Broyeurs divers,* etc.

Matériel de Gares, Petit Matériel, fournisseur des Chemins de Fer de l'Etat, etc.

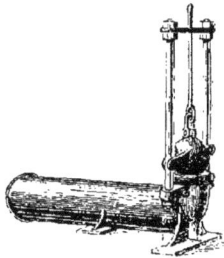

Depuis sa fondation, la Maison a obtenu plus de 730 Récompenses, *Objets d'Arts, Diplômes d'Honneur, Médailles d'Or, d'Argent et de Bronze.*

M. SENET est Officier de la Légion d'Honneur.

Le Jury de l'Exposition de Bruxelles 1910, lui a décerné un **Grand Prix.**

Maison SIMON FRÈRES
Établissements Simon Frères (Cherbourg)

Les Établissements SIMON Frères ont été fondés en 1856, par M. SIMON LAURENT Père des deux Associés actuels qui devinrent ses Associés de 1886 à 1896, sous la raison sociale SIMON ET SES FILS, puis Propriétaires-Directeurs des Établissements actuels, depuis 1896, sous la raison sociale SIMON Frères.

Les Ateliers ont pris un développement constant. Les 10.000 mètres 2, qu'ils occupaient encore ces dernières années sont devenus insuffisants et il fallut édifier cette nouvelle Usine dite " *du Maupas* " sur des terrains d'une superficie de 110.000 mètres carrés, dont 60.000 enclos dès maintenant à l'usage de l'usine. Les deux Usines, qui emploient plus de 300 ouvriers reçoivent les bois en grume, la fonte en gueuses, et livrent des Machines entièrement fabriquées par leurs soins.

Les Établissements SIMON Frères, de Cherbourg, exposaient, classe 35 leurs *Appareils* pour *cidreries* et industries travaillant les fruits, leurs *Appareils pour le travail des grains*, leurs *Manèges* et leurs *Moteurs*.

Appareils pour cidreries et Industries travaillant les fruits.

En premier lieu viennent ces Broyeurs de pommes et tous fruits qu

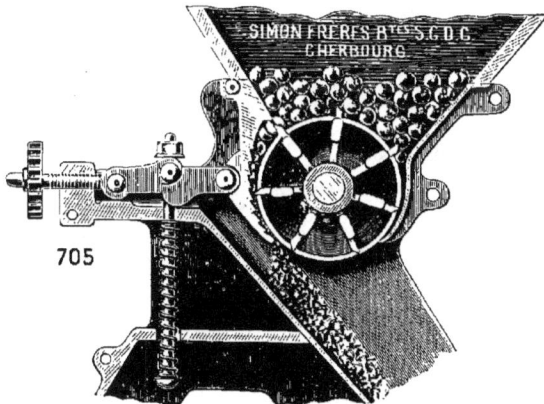

705

nt rendu mondiale la marque SIMON Frères. Rappelons qu'ils se compo sent (coupe figure 705) d'un seul arbre muni d'un cylindre armé de lames mobiles entrant et sortant du cylindre lors de la rotation et entraînant les fruits pour les broyer contre une plaque rainée, réglable et montée à ressort.

Signalons les derniers perfectionnements brevetés : lames biseautées améliorant le travail, nouvelles genouillères, douilles plus longues, etc.

Basés sur les principes ci-dessus, plusieurs des nombreux Broyeurs SIMON sont exposés, ne différant entre eux que par la puissance de travai (depuis les quelques fruits traités par les Broyeurs de laboratoire, jusqu'à 100 hectolitres à l'heure) et par la présentation avec ou sans pieds; fixes ou sur roues; en bois ou métalliques; à bras, par manège ou au moteur, etc...

Les Broyeurs dits *Polylames*, sont la dernière création : le nombre de lames y est plus grand, le bâti réduit à un petit nombre de pièces.

Comme applications du Polylames, une nouveauté très pratique *Le Poly-Presse*, (figure R 715) broyeur et presse sur le même bâti, employé avantageusement par les Laboratoires et par les personnes qui n'ont que de minimes quantités de fruits à traiter.

Les Pressoirs SIMON (appareil de serrage SIMON) sont le complément indispensable de leurs broyeurs. Il faut en retenir, en particulier, le système breveté des claies et toiles de drainage dont MM. SIMON FRÈRES sont les créateurs.

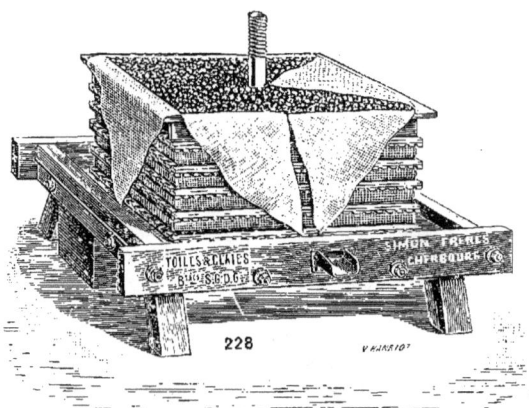

La pulpe de fruits ou les produits (car les applications sont nombreuses) sont enveloppés dans des toiles spéciales formant des couches successives (figure 228) séparées par des claies drainant méthodiquement toute la masse, donnant ainsi (expériences officielles de M. RINGELMANN) le plus de liquide, avec le moins de force, dans le minimum de temps.

Exposés également : Pressoirs à charge carrée et Pressoirs à claie circulaire, avec ou sans clayons de drainage brevetés, système SIMON.

La grande Industrie (Cidrerie, Confiturerie, etc.,) emploie de préférence les Presses SIMON, à travail ininterrompu, traitant jusqu'à 30.000 kilos par jour.

La figure 725, représente le nouvel appareil breveté (création SIMON FRÈRES) *Air-Vapor*, adapté à l'une de ces Presses SIMON et assurant l'auto-

malicité de son fonctionnement par l'air comprimé ou la vapeur produit par un compresseur (construction SIMON FRÈRES) ou par un générateur de vapeur quelconque.

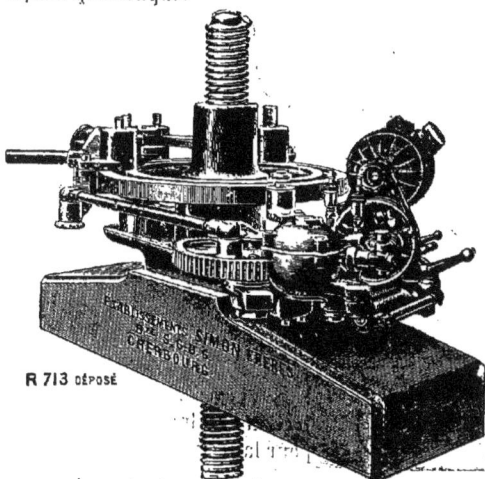

L'Automatic-Electric, (fig. R 713) réalise la même automacité par le courant électrique et s'adapte de préférence aux pressoirs, quelque soit leur système.

Ces deux mécanismes sont intéressants par *l'emplacement* du moteur (accompagnant l'écrou dans sa descente sur la vis) faisant l'objet d'un brevet dont les Etablissements SIMON FRÈRES ont la licence exclusive.

Quelques accessoires : Laveurs de pommes et fruits, Jattes, etc., complète cette série d'appareils.

Appareils pour le Travail des Grains : Voici d'abord ces Aplatisseurs *Le Biconique*, bien connu des éleveurs pour la manière si remarquable dont ils opèrent l'aplatissage des grains, de l'avoine en particulier, dont ils ouvrent l'enveloppe en la laissant adhérer au grain (résultat dû aux vitesses circonférentielles qui se produisent suivant la génératrice de contact de 2 cônes tangents).

Ces appareils fonctionnent à bras, au moteur (fig. R 138), travaillant, dans le plus fort modèle, jusqu'à 2000 litres de grains à l'heure.

Sont exposés plusieurs types de Moulins Concasseurs à meules métalliques : à signaler la nouvelle butée à rotule et à billes brevetée, améliorant le rendement mécanique de ces appareils et le nouveau distributeur breveté proportionnant le débit à la grosseur et à l'état des grains, à la force disponible (perfectionnements SIMON FRÈRES).

La figure R 128 représente un pet modèle de ces Moulins concasseurs.

Manèges. — Ces appareils, qui sont l'embryon de la force motrice à la ferme et dans certaines petites industries rurales, sont construits en plus de 50 modèles différents par les Établissements SIMON FRÈRES. La fig. 101 représente l'un d'eux, exposés. On recherche les Manèges SIMON pour la protection absolue de leurs organes, pour la sécurité et la facilité d'entretien qu'ils présentent.

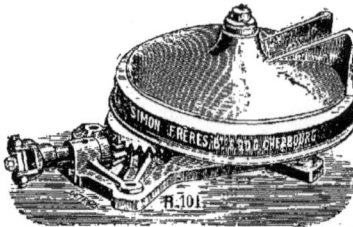

Moteurs. — Plusieurs types de ces Moteurs *l'Autonomie*, que les Établissements SIMON FRÈRES construisent spécialement pour l'Agriculture et la petite Industrie. Il faut relever l'ingénieuse et pratique conception de ces Moteurs où tous ces organes sont groupés sur un bâti unique formant un ensemble homogène et restreint, complètement à l'abri des poussières, chocs et projections.

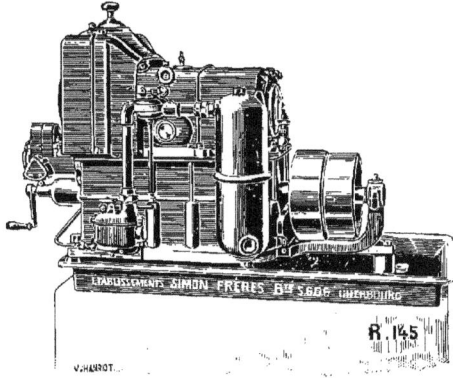

Deux séries : *l'Autonome*, (fig. R 145) répondant à la présentation ci-dessus et *l'Autonomie*, à prix réduit en raison de quelques simplifications. Ces moteurs sont fixes ou mobiles (traction par cheval ou à bras : un de ces derniers était exposé).

Les Établissements SIMON FRÈRES ont fait de leurs Moteurs les applications les plus variées : *Groupes électrogènes*, *Moto-Pompe*, *Moto-Aplatisseur*, *Moto-Broyeur*, etc...

En outre des objets exposés, la Maison SIMON FRÈRES construit encore les principaux Appareils relatifs au *Travail des fruits*, pour le *travail des grains :* des *Aplatisseurs ,Concasseurs combinés*, de *petites Bluteries*, de *petites Batteuses* et *Moto-Batteuses* fort appréciées.

Elle s'est spécialisée, en outre, dans les autres branches de production suivantes (*Appareils* exposés classes 36 et 37).

Appareils de Vinification (Fouloirs, Pressoirs, etc),

Appareils pour Laiteries, Beurreries, Fromageries, etc., (*Ecrémeuses, Barattes, Malaxeurs, Moules*, etc).

Dans les précédentes Expositions Universelles, la Maison SIMON FRÈRES a obtenu : Une *Médaille d'Or*, à l'Exposition Universelle de Paris 1889; trois *Grands Prix* et une *Médaille d'Or*, à l'Exposition Universelle de Paris 1900; un *Grand Prix*, à Hanoï 1903; un *Grand Prix*, à Saint-Louis (États-Unis) 1904; quatre *Grands Prix*, à l'Exposition Internationale de Liège 1905; deux *Grands Prix*, à l'Exposition Internationale de Milan 1906; *Hors Concours*, Membre du Jury à l'Exposition Franco-Britannique de Londres 1908; un *Grand Prix*, à l'Exposition Hispano-Française de Saragosse 1908;

MM. ALBERT SIMON ET AUGUSTE SIMON sont Chevaliers de la Légion d'Honneur, Officier et Commandeur du Mérite Agricole.

Le Jury de l'Exposition de Bruxelles 1910, leur a accordé un **Grand Prix** à chacune des Classes où elle exposait (35, 36 et 37), soit trois **Grands Prix**.

SOCIÉTÉ FRANÇAISE
DE
MATÉRIEL AGRICOLE & INDUSTRIEL
de Vierzon (Cher)

Anciens Établissements Célestin Gérard, fondés en 1847 et Ferdinand Del, fondés en 1860.

Le Stand de la Société Française de Matériel Agricole et Industriel de Vierzon comprend :

Une Locomobile 12 chevaux à détente variable par le régulateur sur chaudière de 13 mq 62 tubes en acier, roues fer, frein, avant-train tournant sous la chaudière, attelage belge.

POYET

Une Batteuse 1ᵐ80, nouveau Modèle double nettoyage, deux élévateurs, l'un par projecteur, l'autre par chaine à godets, courtes pailles devant, roues fer en dehors, frein, attelage belge.

Une Batteuse de 1ᵐ40, à trieur, nouveau Modèle, balles dessous, doubles secoueurs intérieurs rallongés, grand capot, engrènement par coffre à l'arrière, grands ponts, roues fer, frein.

Locomobile. — Disposition spéciale de distribution très économique permettant l'emploi de chaudière d'un poids relativement peu élevé.

Cette particularité permet de déplacer plus facilement la locomobile et assure une économie importante de combustible.

Cette machine possède un avant-train tournant, un bassin alimentaire, une pompe à retour d'eau, un dispositif pour changement de marche rapide et facile et un appareil de relevage de la cheminée.

Batteuse de 1ᵐ80 de largeur. — Disposition spéciale pour élever le grain au double nettoyage, soit par un projecteur centrifuge qui sert à ébarber les blés durs, soit par une chaine à godets qui empêche la casse des blés tendres (système breveté S. G. D. G.)

Batteuses à Trieur, à grand travail possédant deux arbres secoueurs permettant un grand débit avec un minimum de grain aux pailles.

Elle comporte de larges grilles, un nettoyage énergique renvoyant les déchets à l'intérieur.

En outre des objets exposés, la Société Française construit encore des *Machines à Vapeur*, fixes, demi-fixes, *Locomobiles*; *Batteuses* de tous types et de toutes dimensions simples à double nettoyage; *Élévateurs de paille* pivotants à tous angles; *Bancs de scie* circulaires portatifs, *Casse-pierres*,

Presses à paille et à fourrage; Moteurs à explosion, à pétrole, à essence, à gaz, à alcool, fixes ou sur chariot. *Moteurs* à gaz pauvre. Gazogènes au bois.

Dans les précédentes Expositions Universelles, la Société Française a obtenu : Bruxelles 1897, Exposition Internationale *Grand Prix*; Paris 1900, Exposition Universelle *Grand Prix*; Liège 1905, Exposition Internationale *Grand Prix*,

Le Jury de l'Exposition de Bruxelles 1910, lui a accordé un **Grand Prix**.

Diplôme d'Honneur

MAISON E. BEAUPRÉ

84, Grande Rue, Montereau (Seine-&-Marne)

La Maison BERTIN, fondée en 1867, créa la *Batteuse* à plan incliné avec ventilateur; M. E. BEAUPRÉ lui succéda, et créa, en 1895, la *Moto-Batteuse* à Moteur à Pétrole, dont le premier, il exposa un Modèle au Concours de Paris 1896.

M. E. BEAUPRÉ inventa également et adapta à ses *Moto-Batteuses* le Condenseur Abri-Réfrigérant (breveté) qui permet de n'employer que quelques litres d'eau (8 à 10) par journée de travail aussi longue cette journée soit-elle, pour le refroidissement du cylindre du moteur.

Le Stand de la Maison E. BEAUPRÉ, comprend :

Une Moto-Batteuse à moteur à pétrole vertical force neuf chevaux, type E à deuxième ventilateur extérieur et élévateur de botteurs.

Un Moteur vertical à essence ou benzol force 3 chevaux 1 2 allumage par magnéto à basse tension.

Une Batteuse à plan incliné n° 5, à un cheval, à secoueurs articulés.

En outre des objets exposés, la Maison E. BEAUPRÉ construit encore des *Batteuses* à plan incliné à 1 et 2 chevaux, *Manèges* à plan incliné. *Locomobiles* à moteurs à Pétrole, Essence ou Benzol, *Batteuses* indépendantes.

Dans les précédentes Expositions Universelles, la Maison E. BEAUPRÉ a obtenu : *Médaille d'Argent et Croix du Mérite Agricole*, Paris 1900; *Grand Prix*, Londres 1908; *Médaille d'Or*, Liége 1905; *Grand Prix*, Saragosse 1908; *Diplôme d'Honneur*, Milan 1906.

Le Jury de l'Exposition de Bruxelles 1910, lui a accordé un **Diplôme d'Honneur.**

MAISON V^{VE} BOÉ-PAUPIER

2, Rue Stendhal, Paris

Maison fondée en 1860, par LÉONARD PAUPIER.

Continuation de 1901 à 1905 par JOSEPH BOÉ. De 1905 à 1911 par Mme Veuve BOÉ-PAUPIER, 1911 Veuve BOÉ ET AUBINEAU.

Le Stand de la Maison Veuve BOÉ-PAUPIER comprend :

Pont Bascule, pour Voiture; *Petit Pont*, Bascule d'Usine; *Bascule Romaine* Universelle; *Bascule-Romaine* jumelle sans poids additionnels, construction entièrement métallique *Machine* à compter les pièces; *Petite Bascule* dite de voyage pour le pesage des personnes; *Bascule* automatique fonctionnant au moyen d'une pièce de 10 centimes; *Dynamomètre*, *Balance Roberval* fléaux forgés; *Balance Bascule* au 10e, construction fer forgé.

En outre des objets exposés, la Maison Veuve BOÉ ET PAUPIER construit encore : *Matériel Roulant*, *Brouettes*, *Wagonnets*, *Rail*, etc.

Dans les précédentes Expositions Universelles, la Maison Veuve BOÉ-PAUPIER a obtenu de nombreuses récompenses.

Le Jury de l'Exposition de Bruxelles 1910, lui a accordé un **Diplôme d'Honneur**.

Maison F. DAUBRESSE LE DOCTE

Ingénieur de l'École Centrale

4, Rue de Turenne & 33, Rue du Vent-de-Bise (Arras)

Maison fondée en 1836, par M. JACQUET-ROBILLARD, c'est la première Maison qui ait en France construit industriellement le Semoir mécanique.

Cette Maison a été cédée à M. MARÉCHAL par M. JACQUET-ROBILLARD, son oncle, en 1889, M. MARÉCHAL est décédé en 1895, époque à laquelle cette Usine a été achetée par M. DAUBRESSE LE DOCTE et exploitée depuis par lui-même.

Le Stand de la Maison DAUBRESSE LE DOCTE comprend :

Un Semoir à Grains, avec façade de rechange permettant de semer toutes graines, depuis les plus fines jusqu'aux plus grosses, à 7 rayons.

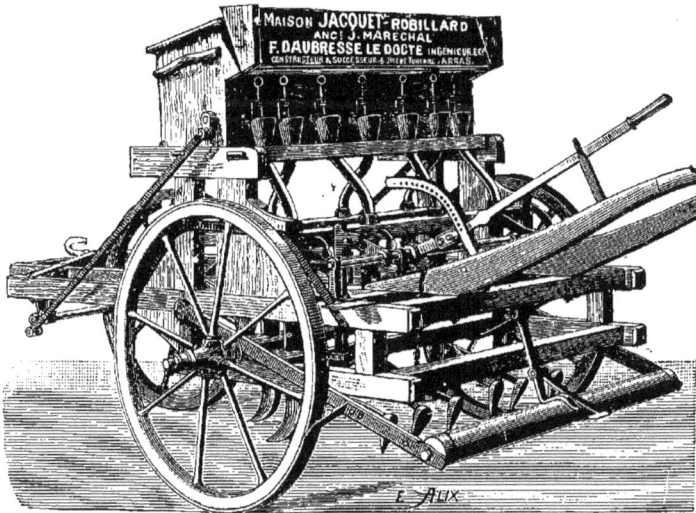

Socs rigides, rappelant sauf les perfectionnements constamment suivis, le Semoir type primitif de la Maison.

Indépendamment de ce type la Maison en construit 11 autres, qui permettent l'adaptation des Semoirs de la Maison à tous terrains et à tous usages régionaux, car la Maison livre ses Semoirs avec des distances initiales entre les socs au gré des clients, ce qui est très avantageux pour les acheteurs.

En outre des objets exposés, la Maison DAUBRESSE LE DOCTE construit encore : des *Tarares, Laveurs de Racines, Houes, Jumelles*, etc., etc.

Dans les précédentes Expositions Universelles, la Maison DAUBRESSE LE DOCTE a obtenu : *Médailles d'Argent, Grand Prix;* a été *Hors Concours,* Membre du Jury, Paris, Namur, Liége, Lille.

Le Jury de l'Exposition de Bruxelles 1910, lui a accordé un **Diplôme d'Honneur.**

Maison ALBERT GOUGIS

à Auneau (Eure-&-Loir)

Cette Maison fut fondée en 1867, à Gaillardon (Eure-et-Loir) par M. Célestin GOUGIS.

Transportée, en 1878, à Auneau, elle construisait tous les Instruments nécessaires à l'Agriculture.

Son propriétaire actuel, M. Albert GOUGIS est le Fils du fondateur. Il a consacré ses Ateliers à la construction exclusive des *Semoirs* et par l'amélioration de ceux-ci les a rendus sans rivaux. Malgré cela, il ne se désintéresse pas des autres machines et poursuit actuellement les essais d'un *Tracteur automobile* et les résultats sont très intéressants. Les essais ont eu un plein succès et l'intérêt avec lequel les cultivateurs Beaucerons les suivaient, montrait l'importance que notre agriculture attache à ce problème. La construction de ce Tracteur n'était pas assez avancée pour

qu'il pût figurer à Bruxelles, mais le Jury doit prendre en considération les efforts que fait M. Gougis pour se tenir dans les premiers rangs des chercheurs du Progrès et par suite dans les premiers rangs des Constructeurs de Machines Agricoles français.

Les Ateliers occupent actuellement 75 ouvriers. Ils sont munis d'un outillage moderne excessivement perfectionné pour le travail mécanique et en grande séries du bois et du fer.

Ils construisent exclusivement des *Semoirs à Grains* en ligne ou à la volée et des *Distributeurs d'Engrais*.

Les Semoirs à grains se font à distribution à cuillers ou à distribution à cannelures, et en ligne ou à la volée.

Les Semoirs en lignes se construisent de deux forces différentes. *Le Robuste* pour les terres fortes et *le Médium* pour les terres moyennes. Il y a une troisième force *le Poney* mais est très peu usitée, convenant seulement que pour les terres sablonneuses.

Le Semoir exposé est du type *Robuste* à 11 socs, distribution à cuillers et avant-train se conduisant de l'avant.

Il est d'une grande solidité tout en étant cependant relativement léger, sa distribution est à cuillers doubles. Elle permet par un seul détournement de l'arbre de semer les grains les plus divers. Les trémies recevant le grain sont d'un Modèle breveté, elles permettent de retirer l'arbre des cuillers sans avoir à les démonter. De plus leur mouvement pour intercepter la distribution dans les coursons se fait du dehors évitant par cela même de se faire blesser par les cuillers. Le réglage de la distribution est fait par un système d'engrenages très simple. La caisse peut être vidée sans aucun démontage, au moyen de portes spéciales qui peuvent se remplacer par des grilles retirant la poussière et les petites graines qui peuvent se trouver dans les grains à semer et qui tombent alors dans l'augette placée sous la caisse.

A. MINTO

Trois sortes d'attelages peuvent lui être adapté :

1° *L'Avant-train ordinaire devant être dirigé de l'avant;*
2° *L'Avant-train combiné pouvant être dirigé de l'avant ou de l'arrière;*
3° *La Limonière très utilisée dans la petite culture.*

Le Distributeur d'Engrais est vendu par grandes quantités en Italie depuis l'Exposition de Milan et nous espérons qu'il en sera de même en Belgique après Bruxelles.

Il est d'un principe bien connu, celui d'un fond mouvant plat amenant l'engrais à portée d'un hérisson qui le projette sur le sol.

A ce principe classique nous avons apporté de grandes améliorations qui le rendent absolument sans rival. Nous citerons notamment :

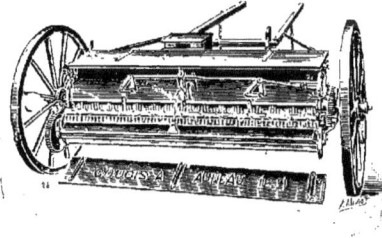

1° Le principe de réglage très précis et très rapide, il s'opère au moyen d'une vis et d'un volant et ne peut se dérégler en marche.

2° L'Indépendance absolue de la gouttière avec le hérisson car celui-ci est supporté directement par les côtés du Semoir.

3° La forme particulière de ses côtés alliée à celle des protecteurs empêche le vent de déranger la distribution de l'engrais et également cet engrais de pénétrer dans les engrenages.

4° Notre caisse en acier forgé est incassable.

Dans les précédentes Expositions Universelles, la Maison A. Gorgis a obtenu : *Médaille d'Argent*, à l'Exposition Universelle de Paris 1900; *Médaille d'Or*, Liège 1905; *Diplôme d'Honneur*, Milan 1906; *Grand Prix*, Saragosse 1907.

Le Jury de l'Exposition de Bruxelles 1910, lui a accordé un **Diplôme d'Honneur**.

Maison LACROIX & C IE

Avenue Sorel, à Caen (Calvados)

La Maison fut fondée en 1820, par M. GARAT, grand-père des Directeurs actuels. Les débuts furent des plus modestes.

En 1871, M. GARAT s'adjoignit son gendre M. LACROIX et en 1887, à la mort de son fondateur, la Maison GARAT ET LACROIX devint la Maison LACROIX FRÈRES, pour enfin, en 1900, prendre la Raison sociale actuelle; LACROIX ET C ie .

A l'Exposition de Bruxelles, la Maison LACROIX ET C ie exposait deux types de Moto-Batteuses.

L'une de ces deux machines, actionnée par un moteur de 5 chevaux fonctionnant à l'essence ou au benzol avec allumage par magnéto, convient aux cultivateurs qui veulent battre eux-mêmes leurs récoltes.

La seconde machine, de dimensions beaucoup plus importantes, actionnée par un moteur de 11 chevaux fonctionnant également à l'essence ou au benzol est destinée aux Sociétés coopératives et aux entrepreneurs de battages.

L'attention du Jury a été retenue par la bonne conception de ces Machines au point de vue mécanique et par l'ensemble des dispositions prises pour réduire au minimum les dangers pouvant résulter de leur emploi par des gens inexpérimentés.

Le *Moteur*, également construit dans les Ateliers des exposants, est simple et robuste. Ses mouvements sont protégés et équilibrés. Il tourne à la vitesse réduite de 300 tours par minute. Le refroidissement est obtenu par appel d'air à l'aide des gaz d'échappement.

En outre des objets exposés, la Maison LACROIX ET Cie construit *Les Pressoirs* pour la fabrication du cidre et des *Instruments de pesage de précision* qui sont universellement réputés.

Dans les précédentes Expositions Universelles, la Maison LACROIX ET Cie a obtenu : *Une Médaille de Bronze*, à l'Exposition Nationale de Paris 1844; *Une Médaille de Bronze*, Paris 1855; *Une Médaille d'Argent*, Paris 1889; *Deux Médailles d'Argent*, Paris 1900; *Une Médaille d'Or*, Milan 1906.

Le Jury de l'Exposition de Bruxelles 1910, lui a accordé un **Diplôme d'Honneur.**

Maison SOUCHU-PINET
à Langeais (Indre-et-Loire)

Maison fondée en 1864, par M. SOUCHU-PINET.

A l'Exposition de Bruxelles, le Stand de la Maison SOUCHU-PINET comprenait :

Bisoc vigneron à levier, permettant de donner l'entrée en terre sans se déranger des mancherons, et sur l'age duquel l'on peut adapter 40 instruments différents, tels que Charrue Vigneronne, Trisoc, Charrue ordinaire, Butteur, Houes, etc.

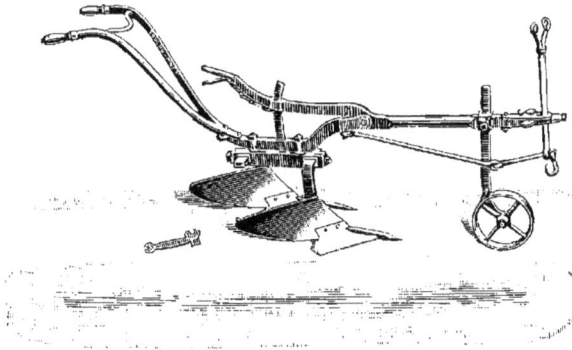

Charrue arrache pommes de terre, avec porte roue mobile, permettant d'écarter les roues, suivant la largeur des sillons.

Houe scarificateur, à levier, côtés se relevant pour la culture de toutes plantes en lignes à plat et à billons.

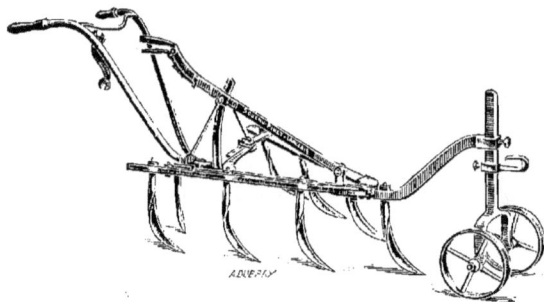

Charrues vigneronnes, Trisocs, Butteurs, Houes scarificateurs, Houes pour toutes plantes en lignes.

Collection de petits instruments réduits, dont M. SOUCHU-PINET est l'inventeur pour démontrer aux élèves dans les écoles d'agriculture.

En outre des objets exposés, la Maison SOUCHU-PINET construit encore des *Herses articulées, Rouleaux plombeurs, Rouleaux croskill, Fouilleuses défonceuses, Fouilleuses sous-soleuses, Charrues ordinaires et avant-train, Charrues et houes décavaillonneuses*, permettant de travailler entre les ceps.

Dans les précédentes Expositions Universelles, la Maison SOUCHU-PINET a obtenu aux Expositions Universelles de Paris 1878, *Médaille d'Argent*; de Porto 1880, *Médaille d'Or*; de Buenos-Ayres 1882, *2 Premiers Prix*; de Amsterdam 1883, *Médaille d'Or*; de Barcelone 1887, *Médaille d'Or*; de Paris 1889, *Médaille d'Or*; de Vienne 1890, *Médaille d'Or*; de Bordeaux 1895, *Diplôme d'Honneur*; de Paris 1900, *2 Médailles d'Or*; de Tiflis 1901, *Médaille d'Or*; de Hanoï 1903, *Médaille d'Or*; de Saint-Louis 1904, *Médaille d'Or*; de Liège 1905, *Médaille d'Or*; de Milan 1906, *Diplôme d'Honneur*; de Bordeaux 1907, *Grand Prix*; de Londres 1908, *Diplôme d'Honneur*; de Sarragosse 1908, *Grand Prix*.

Le Jury de l'Exposition de Bruxelles 1910, lui a accordé un **Diplôme d'Honneur.**

Maison R. WALLUT & CIE
(R. WALLUT & G. HOFMANN ASSOCIÉS)
168, Boulevard de la Villette, Paris

Maison créée en 1872, sous la Raison sociale DECKER & MOT, ayant existé sous ce nom jusqu'à 1883 ; elle a été transformée ensuite et est devenue la maison H. T. MOT ET Cie jusqu'en 1895 ; à cette époque la Maison fut cédée à MM. R. WALLUT & G. HOFMANN, tous deux associés en nom collectif, qui exploitent la Maison de commerce depuis cette date, avec leur siège social, à Paris, usine à Montataire et Succursales à Bordeaux, Toulouse, Anvers, Marseille, Amiens, Tunis.

La note ci-jointe donne les détails complets sur les instruments fabriqués par l'usine de Montataire, instruments qui figuraient à l'Exposition de Bruxelles en 1910.

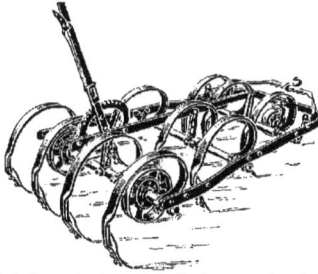

L'usine de Montataire s'est spécialisée sur la fabrication des *Herses à ressorts* dites " *canadiennes* ", Ces *Houes* cultivateurs à cheval pour la culture des plantes sarclées ; *des cultivateurs* " *Griffard* " à dents flexibles, des

Râteaux à décharge latérale brevet " *Martin* ", des *Faneuses* vire-andains brevet " *Martin* ", enfin et surtout sur la construction des *Râteaux automatiques* " *Sanglier* " et " *Marcassin* " anciens brevets " *Thome de Nouzon* ", et des *Faneuses* à fourches articulées.

Ces deux types de *Râteaux automatiques* fabriqués par l'usine de Monta-
laire, désignés sous les noms de " *Marcassin* " et " *Sanglier* "; suivant
qu'ils sont légers ou lourds, sont caractérisés par un dispositif qui permet de
guider et de contrôler les automoteurs pendant le fonctionnement, et

d'obtenir une sûreté de manœuvre qui est inconnue dans tous les autres
systèmes de râteaux automatiques.

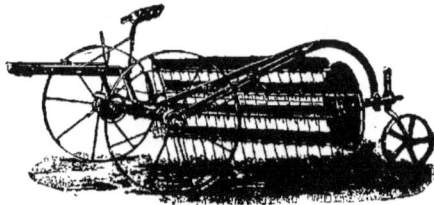

La construction des pièces est faite en série et le montage s'effectue par
des procédés de mécanique moderne, avec des outils américains des types
les plus parfaits et les plus récents.

Les Ateliers et Magasins comprennent une superficie de 60.000 mètres,
la force motrice dépasse 200 chevaux, la production est de 3.000 tonnes par
an. L'outillage est si perfectionné, que ces résultats sont obtenus avec un
personnel qui ne dépasse pas 200 ouvriers.

Les *Herses*, les *Griffards* et les *Houes* sont pliés au bulldozer, sorte de
presse horizontale à plateau, à mouvement alternatif, qui donne aux pièces
soumises à son action, des formes rigoureusement exactes aux gabarits, après
que les barres d'acier qui entrent dans la fabrication des cadres et des bâtis
ont été portées au rouge dans des fours spéciaux. Les rivures sont faites
mécaniquement par des machines à air comprimé, avec sûreté, rapidité et
précision.

Les ressorts porte-dents des Herses et des Griffards sont également
fabriqués en partie à l'Usine, ils sont du type étranglé, c'est-à-dire qu'ils sont
aplatis à leur extrémité — les pointes sont reversibles et interchangeables —
quand celles-ci sont usées à une extrémité on les change de bout.

La partie du ressort qui se fixe au bâti est munie d'une glissière qui permet de rattraper facilement l'usure de la pointe, en facilitant un nouveau réglage. La fixation des porte-dents se fait au moyen d'un boulon et d'une pièce à cran qui forment serrage sur les tubes. Les pointes ou socs sont fabriqués à la presse et à froid en une seule opération. Les ressorts porte-dents sont trempés au bain de sel.

Une installation de soudure autogène rend les plus grands services, et permet d'établir des pièces de forge très complexes. Des forreries multiples, des taraudeuses et des machines à fabriquer automatiquement les écrous et boulons, rendent les plus grands services.

La vente de ces spécialités a pris un grand développement et c'est par milliers que l'Usine de Montataire expédie dans tous les coins de la France, et aussi dans quelques pays étrangers. Elle peut lutter très bien comme prix, à cause de son outillage perfectionné, avec les maisons étrangères plus anciennes et plus connues d'elle; elle soutient la concurrence américaine qui approvisionnait autrefois exclusivement les marchés anglais et français ; elle vend des produits en Suisse, en Italie, en Espagne et même en Angleterre.

L'usine est la propriété de M. Raymond WALLUT, Chevalier de la Légion d'Honneur, et de M. Georges HOFMANN, Officier du Mérite Agricole, tous deux associés et directeurs-gérants de la Maison R. WALLUT et Cie. Elle a été créée, en 1906, et c'est à partir de 1908 qu'elle est entrée en pleine activité.

La Maison R. WALLUT ET Cie est en outre titulaire de nombreuses récompenses obtenues dans les Expositions antérieures, notamment à Paris en 1889 et 1900, médailles d'argent classe 35, section française; Londres, en 1908, *Médaille d'Or*.

Le Jury de l'Exposition de Bruxelles 1910, lui a décerné un **Grand Diplôme d'Honneur**.

Maison F. & P. WINTENBERGER

à Frévent (Pas-de-Calais)

Fondée en 1837, par M. BERNARD WINTENBERGER, la Maison fut reprise ensuite par M. HECTOR WINTENBERGER, son fils, qui lui-même s'adjoignit, en 1891, son fils aîné, M. FERNAND WINTENBERGER. La raison sociale devint alors H. WINTENBERGER ET FILS, en 1904, M. HECTOR WINTENBERGER se retira et fut remplacé par un autre de ses fils M. PAUL WINTENBERGER; la raison sociale devint donc F. ET P. WINTENBERGER.

Le Stand de la Maison F. & P. WINTENBERGER, comprenait :

1° Une *Moto-Batteuses* n° 2 à double nettoyage avec moteur 8 chevaux.

Cette machine se distingue : 1° au point de vue moteur, par la simplicité de l'Appareil. C'est en effet un Moteur vertical à 4 temps de sa construction, à faible vitesse (280 tours), l'Allumage se fait par magnéto; Un carburateur spécial à ailettes Breveté S. G. D. G. permet d'utiliser indifféremment l'essence ou le benzol, ce qui, avec ce dernier combustible, procure une économie de 46 %. Enfin un refroidisseur automatique Breveté S. G. D. G. permet de travailler avec une faible quantité d'eau pour le refroidissement du cylindre.

2° Au point de vue *Batteuse*, par une machine de fortes dimensions, à second nettoyage ce qui donne le grain absolument propre; un batteur robuste monté sur coussinets bronze et palier à bains d'huile; des secoueurs

articulés très longs ce qui assure un secouage parfait; une trémie bien cali-
brée n'amenant jamais de bourrage; enfin un crible commandé par deux
excentriques et suspendu par des ressorts qui lui donnent un mouvement
doux et parfaitement homogène.

Un Moteur fixe Agricole muni aussi de la magnéto et du carburateur.
Ce moteur se signale par sa faible vitesse, son peu de consommation, sa
simplicité et sa facilité de conduite, son peu d'entretien et son prix très
avantageux. Il peut aussi consommer indifféremment l'essence ou le benzol.

En outre des objets exposés, la Maison F. & P. WINTENBERGER construit
encore des *Batteuses* à plan incliné ou trépigneuses, *Manèges* moteurs à plan
incliné, *Batteuses* séparées fixes ou mobiles, *Moteurs* sur chariots ou locomobiles, *Moto-Batteuses* à grand travail, *Moto-Batteuses* petit modèle, *Pressoirs*
à toutes graines, *Concasseurs*, *Pressoirs*, *Moulins à pommes*, *Rouleaux*.

Dans les précédentes Expositions Universelles, la Maison F. ET P.
WINTENBERGER a obtenu : Paris 1900, *2 Médailles d'Argent;* Bruxelles 1897,
Médaille d'Or; Bruxelles-Tervueren 1897, *Diplôme d'Honneur;* Arras 1904,
Membre du Jury, *Hors Concours;* Amiens 1906, *Grand Prix;* Liège 1905,
Médaille d'Or; Amiens 1909, *Grand Prix.*

Le Jury de l'Exposition de Bruxelles 1910, lui a accordé un **Diplôme
d'Honneur.**

Médailles d'Or

Maison BIAUDET-FORTIN

Ingénieur des Arts et Manufactures

Rue des Recollets, à Montereau (Seine-et-Marne)

M. BIAUDET-FORTIN est successeur de MM. FORTIN FRÈRES, fondateurs de la Maison en 1871.

La spécialité de cette Maison est la construction de la *Moto-Batteuse* et *Moteur Le Rustic*, marque déposée.

A l'Exposition de Bruxelles, la Maison BIAUDET-FORTIN exposait :

Une Moto-Batteuse pour céréales, *Moteur Rustic*, 8 HP, *Botteleuse*, *Expulseur* de menues-pailles.

Un Moteur Rustic, 4 HP (280 tours) vertical.

Les Moteurs Rustic, sont également et entièrement contruits dans ses Ateliers. Il est absolument indispensable qu'un Moteur soit de construction tout à fait irréprochable et d'un fonctionnement sûr et régulier. Il faut que le Moteur Agricole soit de plus très simple, d'un entretien et d'une surveillance nuls, d'une conduite facile et que tous ses organes soient robustes et rustiques.

Les Moteurs *Rustic,* répondent à ces conditions :

Le Bâti, robuste, supporte les paliers de l'arbre manivelle qui sont à bain d'huile, graissage par bagues.

Dans les Moteurs verticaux, il forme bain d'huile.

Dans les Moteurs horizontaux, il supporte complètement le cylindre, seule la culasse déborde.

Le Cylindre et la Culasse sont entourés d'une grande chambre d'eau en assurant le parfait refroidissement.

Le Piston est très long, bien guidé et possède de 3 à 8 segments, suivant les forces.

Les Soupapes bien guidées se démontent facilement et rapidement.

L'Arbre Vilebrequin en acier forgé et taillé dans la masse est usiné dans toutes ses parties.

La Bielle largement calculée est très longue et munie de coussinets à rattrapage de jeu.

Deux Volants lourds et équilibrés assurent une marche régulière.

Les *Moteurs Rustic*, tournent de 200 à 300 tours par minute. Ils ne peuvent être comparés, comme prix, aux Moteurs à grande vitesse et faible poids dans lesquels on a surtout recherché le bon maché.

En outre des objets exposés, la Maison BIAUDET-FORTIN construit encore : des *Batteuses, Décrotteurs de Betteraves* à sec, *Moto-Pompes, Groupes Electrogènes, Electro-Batteuses*.

Dans les précédentes Expositions Universelles, la Maison a obtenu : Paris 1889, *Médailles d'Argent;* Paris 1900, *Médaille d'Or*.

Le Jury de l'Exposition de Bruxelles 1910, lui a accordé une **Médaille d'Or**.

Maison GEORGES CARUELLE

Constructeur, à Origny-Sainte-Benoite (Aisne)

La Maison a été fondée, en 1849, par M. François CARUELLE. Successeurs : MM. Constant Caruelle, Georges Caruelle, Caruelle et Chène.

Le Stand de la Maison G. Caruelle, comprenait :

1 Elévateur d'eau avec récipients puiseurs de 25 L. avec engrenages.
1 Elévateur d'eau avec récipients puiseurs de 22 L. avec engrenages.

1 Élévateur d'eau avec récipients puiseurs de 16 L. avec engrenages.

1 Élévateur d'eau avec seaux à lampons 14 L. action directe.

1 Pompe à chapelet fermée avec coussinets à rouleaux.

1 Pompe à chapelet fermée avec coussinets lisses fonctionnant avec chaîne " Super ".

1 Pompe à chapelet ouverte.

1 Pompe foulante pour arrosage et incendie montée sur trépied.

1 Pompe pulvérisatrice avec récipient pour blanchissage et désinfection.

La Maison ne construit que les Appareils exposés dans la fabrication desquels elle s'est spécialisée.

Dans les précédentes Expositions Universelles, la Maison CARVELLE a obtenu de Paris 1910, classe 35, *Médaille de Bronze*; de Liège 1905, classe 28, *Médaille d'Argent*; de Milan 1906, classe 35, *Médaille d'Argent*; de Milan 1906, classe 28, *Médaille d'Argent*; de Saragosse 1908, classe 35, *Médaille d'Or*; de Londres 1908, classe 35, *Médaille d'Or*.

Outre ces Récompenses, il a été décerné à M. CARVELLE le prix " LACUYER " de 2.000 francs pour services rendus à l'Agriculture par ses Appareils élévatoires d'eau.

Dans les Expositions Internationales françaises, la Maison CARVELLE a obtenu de Lille 1902, *Médaille de Vermeil*; de Reims 1903, *Médaille d'Or*; d'Arras 1904, *Médaille d'Or*.

Le Jury de l'Exposition de Bruxelles 1910, lui a accordé une **Médaille d'Or.**

ÉTABLISSEMENTS DELAHAYE

à Bohain (Aisne)

La Maison DELAHAYE, a été fondée par M. ARMAND-ÉLOI DELAHAYE, en 1869, et continuée par ALBERT DELAHAYE, son Fils.

Les Ateliers et Magasins couvrent une superficie de 10.000 mètres carrés, et la production annuelle est de 3.200 Brabants, et 3.000 autres Instruments, tels que : *Araires, Herses, Houes, Extirpateurs, Cultivateurs,* etc.

Type 4 double

Elle expose une série de *Charrues-Brabants doubles et simples,* une *Charrue à bascule,* et une *Houe à betteraves.*

La série des *Brabants* est composée de 5 Types bien distincts et dont les gravures ci-contre donnent une idée exacte de chaque Type.

Type 4 simple

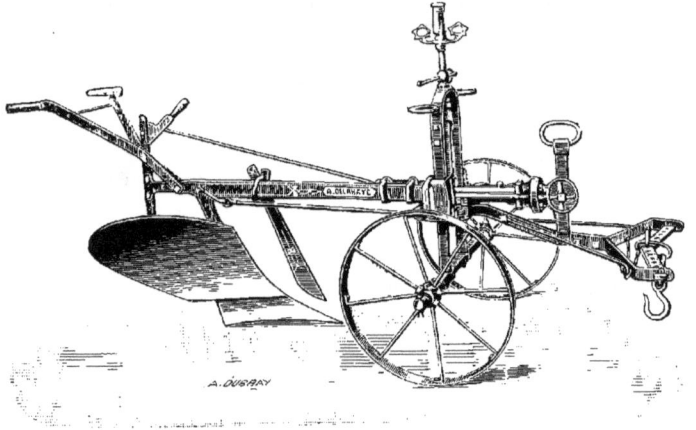

Type 5 dit Mancherons

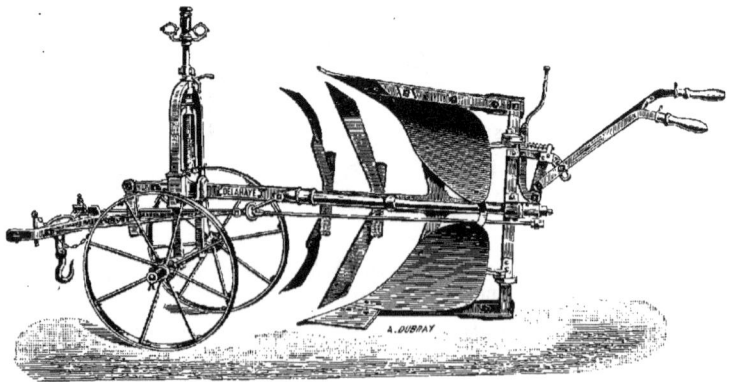

Type 9 à Avant-train basculant

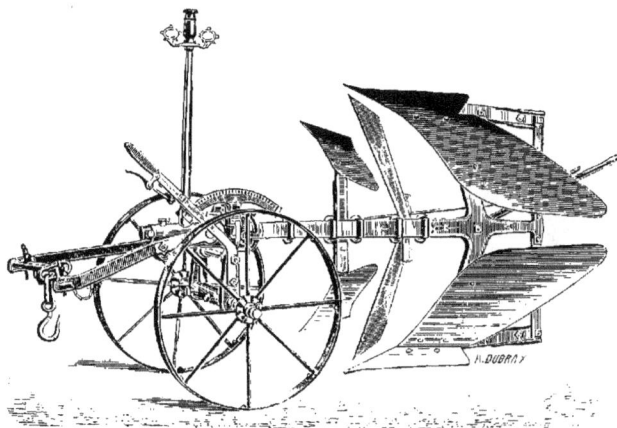

Type 4 dit simplifié

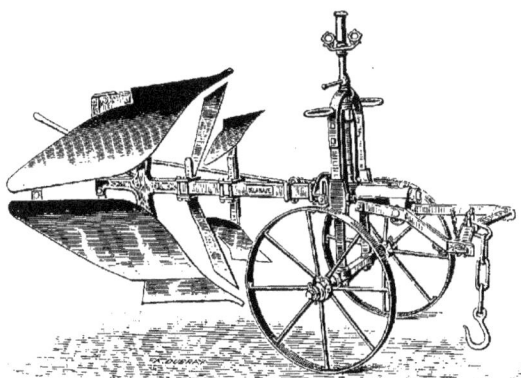

La *Charrue à bascule* exposée est d'une particularité très curieuse.

L'étrier de tirage qui constitue du reste tout l'instrument, est breveté en France et à l'étranger.

La Chaine de tirage suivant le mouvement tournant des anneaux, glisse le long de la tige ronde de l'étrier mobile et vient prendre, entraîné par l'attelage, une place symétriquement opposée à la première. En même temps, le poids de cette chaine arrivant à l'extrémité de l'étrier mobile le fait basculer jusqu'à fond de course et enclancher automatiquement ; la charrue repart aussitôt labourer un nouveau sillon.

Il n'y a aucune perte de temps ni aucune fatigue à prendre.

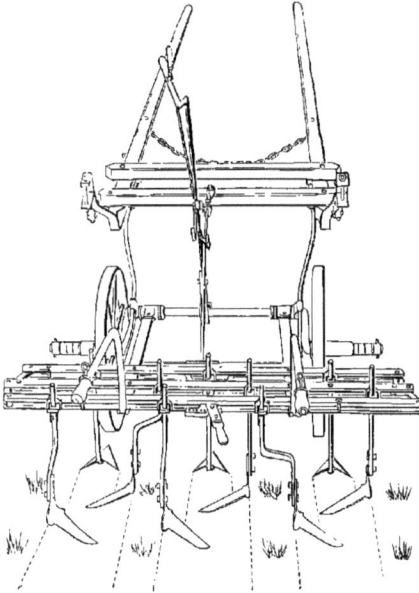

La houe à betteraves est le dernier cri du progrès.

Les couteaux montés sur trois barres se rapprochent et s'écartent d'un seul coup et instantanément au moyen d'un levier placé sur la traverse arrière.

Ces mêmes couteaux sortent de terre au bout de chaque plaine en faisant manœuvrer le levier de déterrage qui joue en même temps le rôle de régulateur de terrage par le simple déplacement d'une cheville.

Cette houe se manœuvre sans aucune fatigue.

Le Jury de l'Exposition de Bruxelles 1910, lui a accordé une **Médaille d'Or.**

Maison A. DUMAINE

A Moissy-Cramayel (Seine-&-Marne)

Maison fondée en 1882, par l'Exposant.

Le Stand de la Maison A. DUMAINE comprenait :

Un Distributeur d'Engrais pour Cultures " Le Boisrenoult N° 1 ".

Un Pulvérisateur à traction animale " *Le Vigouroux Combiné* ", pour la destruction de la sauve, pour les maladies de la Pomme de terre, du sylphe de la Betterave, la pulvérisation des Arbres fruitiers, etc.

En outre des objets exposés, la Maison A. DUMAINE construit encore :

Le Distributeur d'Engrais " Le Boisrenoult N° 2 " pour vignes basses du Midi et de l'Algérie.

Le Distributeur d'Engrais " Le Boisrenoult N° 3 " pour vignes sur fils de fer ou échalas.

Dans les précédentes Expositions Universelles, la Maison A. DUMAINE a obtenu de l'Exposition Universelle de Paris 1900, *Médaille d'Or* ; de Liège 1905, *Médaille d'Or* ; de Milan 1906, *Médaille d'Or* ; Exposition Franco-Espagnole, de Saragosse 1908, *Diplôme d'Honneur*.

Le Jury de l'Exposition de Bruxelles 1910 lui a accordé une **Médaille d'Or**.

Maison ÉDOUARD GÉRARD

Forges de l'Aisne, à Crouy (Aisne)

Fondée en 1873 par M. Louis GÉRARD, fondateur créateur de la fabrication mécanique des fers à bœufs ; en 1896, succession des affaires par MM. GÉRARD FRÈRES, fils du premier, en 1902 continuation des affaires par M. Edouard Gérard, créateur de la fabrication des pièces forgées pour l'Agriculture.

Le Stand de la Maison E. Gérard comprenait :

Un tableau contenant toutes séries de *fers à bœufs* ébauchés et finis, prêts à être posés, forgés mécaniquement, par le système GÉRARD, breveté S. G. D. G. Ces fers, dont les modèles sont déposés, ont été créés d'après nature et chaussent parfaitement les pieds des bœufs, ce qui en font des moteurs animaux très appréciés dans l'agriculture. Il y a des séries pouvant satisfaire aussi bien les pays montagneux, que les pays de plaines, de qualité irréprochable et de fabrication de premier ordre.

Un lot de pièces forgées, pour les instruments agricoles ; tels que Charrues, Brabants, Chariots de culture, etc., etc. ; ces pièces sont notamment des hayes ou croisillons de brabants forgées en acier sans aucune soudure, fabrication garantie, ronds d'avant-train, moufles de timon, ferrures de jougs, fusées, œils, de brabant, seps, grande ferrure de charriot pouvant transformer un charriot à allonge, en un charriot à avant-train.

En outre des objets exposés, la Maison GÉRARD construit encore des *Pièces forgées*, pour l'Industrie ; les *moteurs à vapeur, à gaz*, etc., etc., tels que *arbres, vilebrequins, à embase, lisses, bielles manivelles, tampons de wagons*, etc,, etc., *pièces de charpentes en fer, garde-corps, ponts*, etc., etc.

Dans les précédentes Expositions Universelles, la Maison GÉRARD a obtenu de Paris 1878, *Médaille d'Or ;* d'Italie 1879, *Diplôme d'Honneur ;* d'Epinal, *Médaille de Vermeil.*

Le Jury de l'Exposition de Bruxelles lui a accordé une **Médaille d'Or**.

SOCIÉTÉ GAUTIER ET Cᴵᴱ

(Etablissements SAVARY)

Quimperlé (Finistère).

La Maison, fondée en 1875, par M. SAVARY, ancien élève des Écoles d'Arts et Métiers, est gérée par M. FRÉDÉRIC GAUTIER, Ingénieur des Arts et Manufactures et Ingénieur des Arts et Métiers.

Le Stand de la Maison GAUTIER ET Cⁱᵉ, comprend :

1º *Un Pressoir à mouvement vertical*, maie en fer. Les pressoirs à mouvement vertical emploient, en plus de la force musculaire de l'homme, seule utilisée dans les Pressoirs à mouvement horizontal, le poids de l'opérateur.

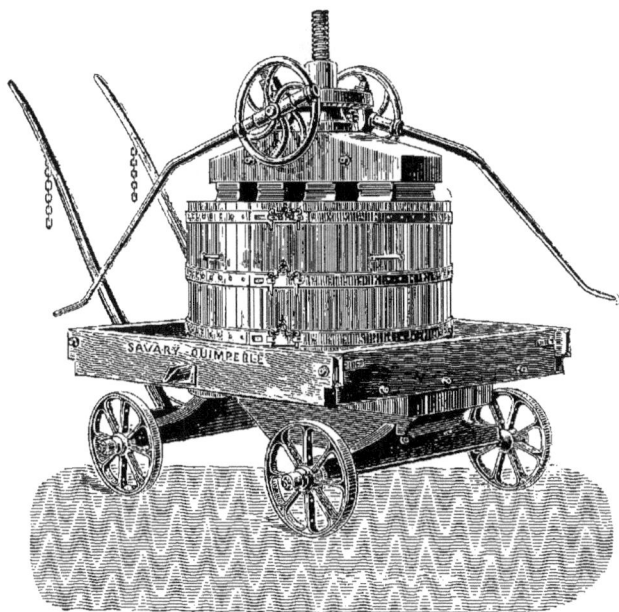

Les pressoirs à mouvement vertical, indépendamment du meilleur rendement qu'ils permettent d'obtenir, ont l'avantage de n'occuper qu'une place restreinte puisqu'ils évitent tout déplacement du levier de manœuvre

et de l'opérateur autour de la maie; d'autre part, la manœuvre du levier, dans un plan vertical, tend à appliquer fortement le bâti sur le sol et non à le déplacer comme dans les types de pressoirs à mouvement horizontal. Il en résulte que les assemblages de la maie ne se déforment pas, tandis qu'ils ont tendance à se disloquer, au contraire, sous un effort énergique du levier manœuvré horizontalement.

Le dessin ci-contre montre la simplicité des organes constituant le mécanisme.

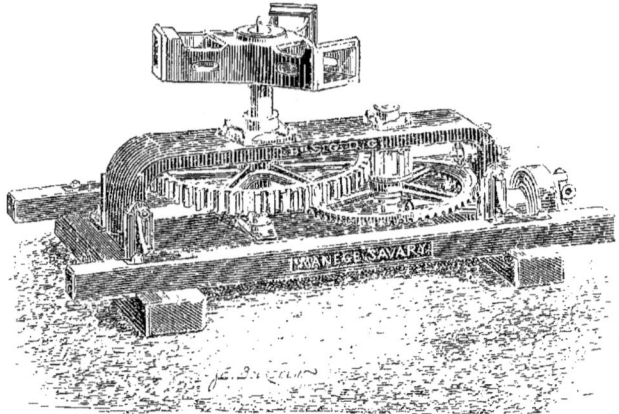

2° *Manège à pivot avec bâti en acier*, pour 6 chevaux. Dans ces manèges, une pièce unique en acier, portant directement sur l'entablement, a remplacé les pièces de fonte et de bois assemblées, et empêche ainsi tout ébranlement, toute dislocation, de se produire en service.

Un appareil amortissant les chocs et coups de collier, s'applique à l'extrémité de l'arbre de commande.

3° *Broyeurs d'ajoncs et de sarments.* — Cet Appareil divise les tiges, d'ajoncs en fragments de quelques millimètres de longueur et leur fait subir ensuite, entre des cylindres taillés en dents de diamant, une pression telle qu'au sortir de la machine les tiges, cependant très piquantes de l'ajonc, sont réduites à l'état de mousse ou de pulpe et peuvent être serrées dans la main sans causer aucune piqûre.

Le Broyeur est également utilisé pour le broyage des brindilles et sarments de vignes.

4° *Batteur à Bâti de fonte*, avec secoueur de paille, pour petites et moyennes exploitations.

5° *Tarare.*

6° *Hâche-Paille.*

7° *Cabrouet en fer.*

En outre des objets exposés, la Maison GAUTIER ET Cⁱᵉ construit encore : *Pressoirs divers, Fouloirs à vendange, Moulins à pommes*, les *Charrues, Coupe-racines, Hâche-Paille*, ainsi que tout le matériel de Magasins, Docks et Chemins de Fer, notamment les *Brouettes en fer, Charriots* ou *Tricycles, Cabrouets*, etc.

Dans les précédentes Expositions, la Maison GAUTIER ET Cⁱᵉ a obtenu : Exposition Universelle de Paris 1878, 1889, 1900, *2 Médailles d'Or, 4 Médailles d'Argent ;* de Saint-Louis 1904, *Médaille d'Or ;* de Liège 1905, *Médaille d'Or ;* de Milan 1906, *Médaille d'Or ;* de Buenos-Ayres 1910, *Diplôme d'Honneur.*

Le Jury de l'Exposition de Bruxelles 1910, lui a accordé une **Médaille** d'Or.

Maison A. LAFFLY

Ingénieur-Constructeur

82, Rue du Vieux-Pont-de-Sèvres, à Boulogne-sur-Seine

La Maison LAFFLY s'est fait une spécialité :

De *Rouleaux Automobiles, Arroseuses mécaniques automobiles* (système breveté).

Appareils de Voierie automobile, Balayeuses, Épuration d'eau (Licence Lajolle).

Elle exposait à Bruxelles un *Rouleau Automobile*.
Le Jury lui a accordé une **Médaille d'Or**.

Maison LIOT FRÈRES

à Bihorel-Rouen (Seine-Inférieure)

Maison fondée en 1872.

A l'Exposition de Bruxelles, la Maison LIOT FRÈRES exposait :

Un Semoir en lignes, à toutes graines breveté S. G. D. G. (avec distribution à cuillers) permettant de semer tous grains et petites graines avec grande régularité.

En outre des objets exposés, la Maison LIOT FRÈRES construit encore : des *Semoirs à la volée*, pour toutes graines, *Semoirs spéciaux*, pour betteraves.

Dans les précédentes Expositions Universelles, la Maison LIOT FRÈRES a obtenu : Expositions Universelles, Paris 1889, *Médaille d'Or ;* Paris, 1900, *Médaille d'Or*.

Le Jury de l'Exposition de Bruxelles 1910, lui a accordé une **Médaille d'Or**.

Maison F. MESLÉ

Quai de la Jonction, à Nevers (Nièvre)

Une croyance généralement répandue est qu'en matière de fabrication de Matériel agricole, les pays étrangers, surtout l'Amérique, ont sur la France une incontestable supériorité.

De bruyantes réclames, le luxe et la profusion d'Instruments aux couleurs tapageuses figurant à toutes les Expositions et Concours agricoles, n'avaient pas peu contribué à entretenir et à développer cette idée dans les esprits, justement étonnés, que chez une nation aussi riche et aussi industrielle que la nôtre, nul ne songeât à appliquer les principes généraux de constructions identiques et à obtenir, comme quantité et qualité, les résultats qu'on admirait tant chez nos concurrents.

Cette constatation pouvait être exacte il y a quelques années; elle ne l'est plus aujourd'hui que, grâce aux progrès incessants réalisés par nos Ingénieurs et Constructeurs, au perfectionnement d'un outillage incomparable, notre fabrication nationale est parvenue à ce résultat merveilleux, non seu-

lement de rivaliser avec les pays les plus réputés, mais encore de les
surpasser en perfection et en bon marché. L'un des Constructeurs qui a le
plus puissamment aidé au développement de cette industrie si féconde et si
utile, et dont le nom restera désormais attaché à cette œuvre grandiose, est
M. FERDINAND MESLÉ, créateur de l'importante Usine de Machines Agricoles
F. MESLÉ, quai de la Jonction, à Nevers.

Manquant d'espace, de lumière et même d'air, ne disposant que d'un
outillage secondaire, d'une force motrice insuffisante, on se demandait,
avec étonnement, comment, malgré les inconvénients d'une installation
aussi primitive, la Maison MESLÉ, réussissant quand même, faisait, pour
obtenir les brillants résultats qui l'ont amenée au premier rang des Constructeurs de Machines Agricoles. C'est grâce à des efforts constants que rien
ne pouvait décourager, une activité prodigieuse et à une persévérance
jamais défaillante que M. F. MESLÉ sut, à travers tant de difficultés, acquérir
cette situation.

Aujourd'hui, tout est groupé et ne forme qu'un : « C'est la Manufacture
de Machines Agricoles F. MESLÉ, Quai de la Jonction, à Nevers.

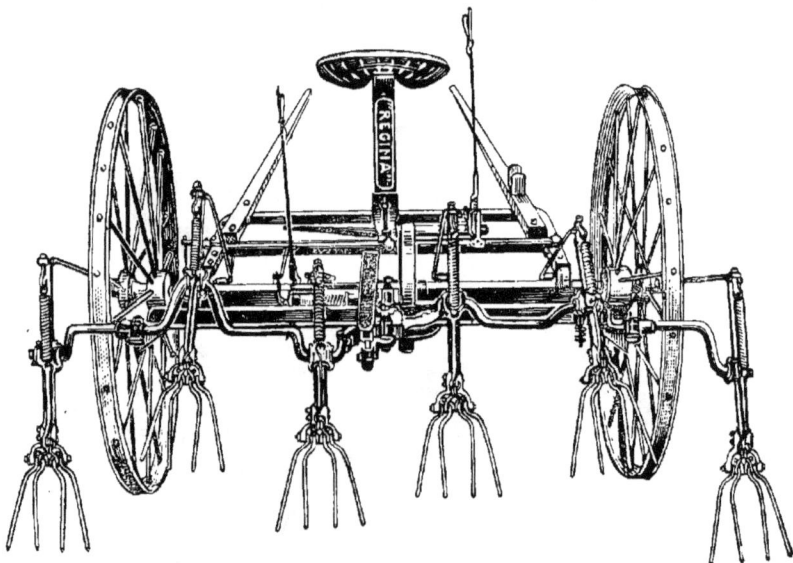

Une installation scientifique et moderne, un outillage puissant et
remarquablement perfectionné, une organisation de premier ordre font, des
Etablissements MESLÉ, une Usine capable de répondre avec succès à tous les
besoins de l'Industrie Agricole.

Cette Usine, qui occupe aujourd'hui plus de deux cents ouvriers et
s'étend sur une superficie de près de cinq hectares, fabrique plus de trente
mille Machines par an.

Il y aura bientôt deux ans que la nouvelle Usine MESLÉ est entrée en activité.

Et déjà, les effets de cette installation moderne se font sentir.

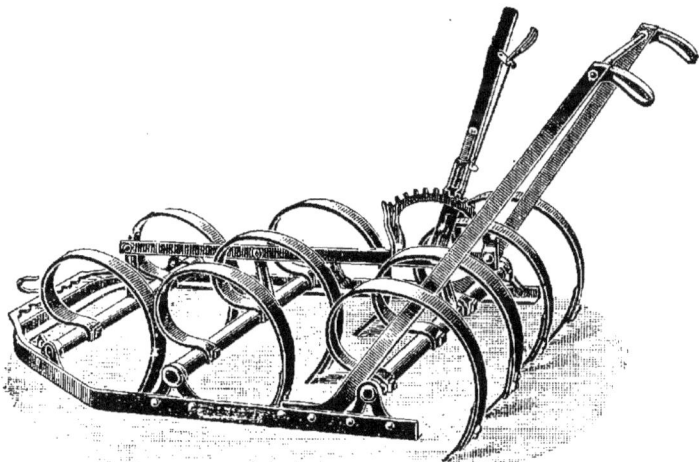

Non seulement la fabrication des Spécialités anciennes continue à être l'objet de soins particuliers, mais encore l'installation nouvelle permet de poursuivre l'étude de fabrications modernes qui permettront aux Établissements MESLÉ de doter l'Agriculture de Machines sans égales.

Objets exposés : *Râteaux à cheval, Faneuses, Herses à ressorts, Cultivateurs à ressorts, Moulins, à grains, Broyeurs de Pommes de terre, Meules à aiguiser les lames de Faucheuses.*

Le Jury de l'Exposition de Bruxelles 1910, lui a accordé une **Médaille d'Or.**

USINES, FONDERIES & ATELIERS DE MOUTIÈRES

Maison J.-M. MOLÈS

Constructeur de Machines Agricoles, à Amiens

Les Usines, Fonderies et Ateliers de Moutières, créés en 1899, pour la Construction des Machines de récoltes, Marque " France " par la Coopérative Agricole de la Région du Nord ont été rachetés en 1905 par M. J.-M. MOLÈS, Entrepreneur de Travaux Publics, à Saint-Nazaire qui, dans un intérêt absolument national a voulu continuer et perfectionner la construction des Machines Françaises pouvant concurrencer la fabrication américaine.

Les Machines, entièrement construites aux Ateliers de Moutières, exposées à Bruxelles comprenaient :

1° *Une Faucheuse* à deux chevaux " *France* " n° 1, Modèle 1910, à relevage vertical; embrayage et débrayage automatique par le levier de relevage de la barre-coupeuse. Cette faucheuse est montée sur coussinets à rouleaux avec tous les perfectionnements à ce jour qui lui permettent de rivaliser avec les meilleures marques étrangères.

2° *Une Moissonneuse-Lieuse* " *France* " coupe à gauche, Modèle 1910, largeur de coupe 1m50 avec un débrayage spécial perfectionné, coussinets à rouleaux, bâti en acier, élévateurs ouverts et mobiles, diviseurs pliants, chariots de transport avec essieu en deux parties.

Cette Lieuse se fait également en coupe à droite avec coupe de 1m50 et
1m80; elle est munie des tout derniers perfectionnements et d'une traction
très légère par suite du prix de sa fabrication qui lui vaut aujourd'hui d'être
réputée parmi les meilleures marques.

3° *Un Lieur " France "* sur roues pour Batteuses, d'une construction robuste avec commande sur coussinets à rouleaux, tasseurs avec coussinets de bronze munis de graisseurs automatiques.

4° *Un Semoir en lignes*, dit : de Montagne, avec distribution par cylindres cannelés à mouvements reversibles, semant à volonté par *en-dessous* et par *en-dessus*, indifféremment et aussi régulièrement en montant en descendant ou en terrain plat.

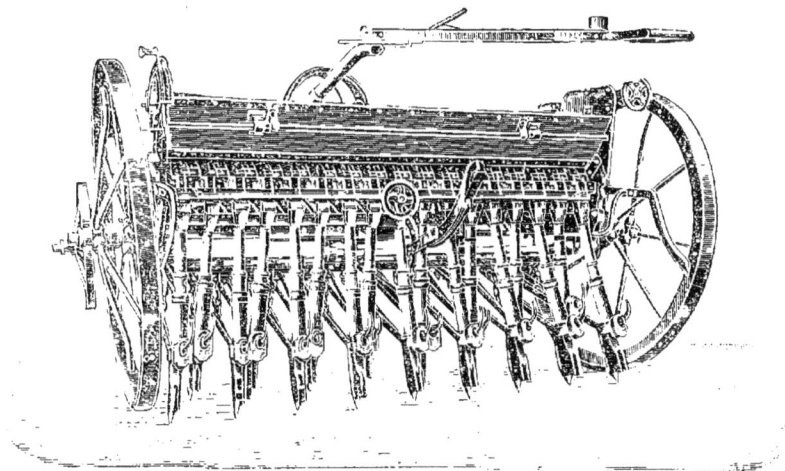

En outre des objets exposés, la Maison J.-M. MOLÈS construit encore : des *Batteuses à plan incliné* à 1 cheval et à 2 chevaux ; des *Batteuses mobiles sur 4 roues*, à tire-paille ou à secoueurs articulés ; des *Houes à cheval* à coulisse double et à expansion avec levier de relevage instantané ; des *Distributeurs de nitrate*, des *Herses articulées* à leviers et à dents réglables et des *Herses articulées* à flèches en forme de Z (genre Howard).

Dans les précédentes Expositions Universelles, la Maison J.-M. MOLÈS a obtenu : *Un Grand Prix*, à l'Exposition Internationale d'Amiens en 1906 ; *Un Grand Prix*, Nancy en 1909 ; *Un Grand Prix*, à l'Exposition de l'Automobile Agricole d'Amiens en 1909.

Le Jury de l'Exposition de Bruxelles 1910, lui a accordé une **Médaille d'Or**, la plus haute récompense accordée aux Machines de récoltes.

Maison E. ROBILLARD

23, Grand-Place, à Arras (Pas-de-Calais)

Maison E. ROBILLARD, créée en 1888, par M. E. ROBILLARD, Officier du Mérite Agricole ; Successeur de son Oncle JACQUET ROBILLARD, durant vingt années 1868-1888.

La Maison E. ROBILLARD exposait :

Distributeur d'engrais " Le Rêve " à fond plat et mouvant, Breveté France et Etranger.

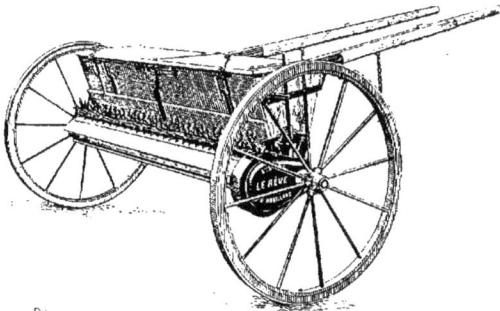

DISTRIBUTEUR D'ENGRAIS BREVETÉ E. ROBILLARD

Le Distributeur d'Engrais " Le Rêve " de la Maison E. ROBILLARD, d'Arras, possède sur les Instruments destinés au même usage les avantages suivants :

Sa légèreté, dépendante de sa construction mécanique simplifiée, ses organes placés dans un carter à l'abri des poussières et des engrais oxydables.

Distributeur à fond plat mû par un différentiel d'engrenages, objet de l'invention brevetée France et Etranger. Mécanisme simple à tous points de vue possédant un rendement mécanique 30 % supérieur à tous les mouvements de vis sans fin et autres.

Avantage, facilité d'amener l'engrais sous le hérisson au moyen d'une petite manivelle que l'on place à l'une de ses extrémités.

Le Différentiel, organe principal du Distributeur d'engrais " Le Rêve " qui permet quatre vitesses différentes au fond mouvant ce qui autorise de semer tous les engrais dans n'importe quelle proportion de petite ou de très grande quantité et quel que soit l'état du terrain.

Avantage résultant de la noix d'entraînement qui possède cinq dents accusant une marche régulière sans la moindre intermittence au fond mouvant.

Il résulte de cette particularité du Distributeur d'engrais " *Le Rêve* " une régularité d'épandage de 25 % supérieure à tous les Instruments construits à ce jour.

Le mécanisme, fabriqué d'une façon robuste, sans aucun calage, est indestructible, son usure est nulle ce qui assure une entière sécurité aux Agriculteurs qui en font usage. Le nettoyage de l'instrument est rendu facile et pratique en vertu de l'invention qui le constitue.

Au nettoyage facile correspond le fonctionnement parfait de l'instrument ainsi que sa durée.

Le différentiel donne la facilité d'amener aisément l'engrais sous le hérisson au moyen d'une manivelle et cette particularité du Distributeur d'engrais " *Le Rêve* " permet l'épandage de l'engrais dans les champs dès les premiers pas du cheval.

En outre des objets exposés, la Maison E. ROBILLARD construit encore : *Le Semoir à toutes graines*, pour petites et moyennes cultures ; *Le Distributeur sur Cultivateur Canadien*, Instrument Breveté ; *Le Distributeur* pour vignes ; *La Houe à cheval*, munie de disques Brevetés ; *l'Elagueuse*, avec disques Brevetés.

Dans les précédentes Expositions Universelles, la Maison E. ROBILLARD a obtenu : *Trois Médailles d'Argent*, Paris, Exposition Universelle 1889 ; *Médaille d'Argent*, à l'Exposition de Lyon ; *Médaille d'Or*, Paris, Exposition Universelle 1900.

Le Jury de l'Exposition de Bruxelles 1910, lui a accordé une **Médaille d'Or**.

Médailles d'Argent

Maison BAUDRY FRÈRES

à Brienne-le-Château (Aube)

Fondée en 1842, par MM. BAUDRY FRÈRES, pour la construction des Batteuses ; elle fonctionna jusqu'en 1870, époque à laquelle elle sombra. Elle avait produit dans ce laps de temps une assez grande quantité de Batteuses. Elle se releva à partir de cette époque : de 1871 et 1887. Elle occupa de 3 à 15 ouvriers. Production, en 1887 : 50 à 60 Batteuses ; de 1887 à 1900, elle devient BAUDRY FRÈRES 25 à 30 ouvriers. En 1900, production 180 Batteuses ; de 1900 à 1910, agrandissements, 50 ouvriers et production 250 à 300 Batteuses.

A l'Exposition de Bruxelles, la Maison BAUDRY FRÈRES exposait :

Une Moto-Batteuse dans le groupe du Matériel agricole de la Section

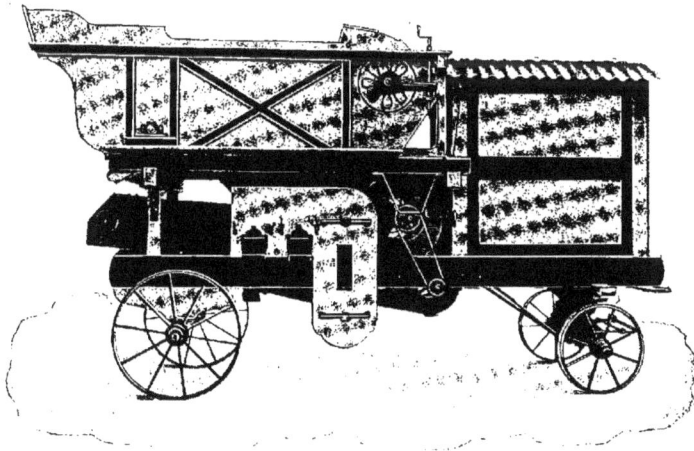

française. Cette Machine, de rendement moyen, soit 60 à 75 quintaux de blé en 10 heures de travail, est actionnée par un moteur essence type vertical 6 HP, allumage magnéto, refroidissement par thermo-siphon.

Par la disposition de son double nettoyage à mouvement transversal complet, ses longs secoueurs, son vannage à double hélice, on obtient un nettoyage complet et une parfaite épuration de la paille.

Résultats recherchés par tous les Agriculteurs.

En outre des objets exposés, la Maison BAUDRY FRÈRES construit encore les *Batteuses avec manège circulaire*, à plan incliné ou à moteurs; les *Batteuses mobiles avec manège circulaire*, à plan incliné ou à moteurs; les *Moto-Batteuses*, de toutes forces et de toutes dimensions.

La Maison BAUDRY FRÈRES a obtenu de nombreuses récompenses dans quantité de Concours et Exposition régionales, mais c'est la première fois, à Bruxelles, qu'elle exposait dans une Exposition Universelle.

Le Jury de l'Exposition de Bruxelles 1910, lui a accordé une **Médaille d'Argent**.

Maison BOURGET FRERES

Fabricants de Tarares

Ancenis (Loire-Inférieure)

Maison fondée en 1891, par MM. A. P. CHABBIER, tenue par ces Messieurs jusqu'en 1899, époque à laquelle MM. Bourget Frères se sont rendus acquéreurs de la Maison.

Usine sise à Ancenis, sur les bords de la Loire.

Fabrique spéciale de *Tarares* ou *Ventilateurs* perfectionnés.

Le Stand de la Maison Bourget Frères comprenait :

Un Tarare, N° 2 gauche, système cribleur; *Un Tarare*, N° 3 double, engrenage système cribleur.

Le premier, servant au nettoyage des grains, blés, orge, avoine, seigle, fèves, etc.

Le deuxième, servant spécialement au nettoyage des petites graines, trèfle, luzerne, sainfoin, colza, etc., à ce système de Tarare est aménagé des petites portes ou ventouses, servant à régler la ventilation, le travail est irréprochable.

Dans les précédentes Expositions Universelles, la Maison Bourget Frères a obtenu : *Une Médaille de Bronze*, Bruxelles 1897; *Une Médaille de Bronze*, Paris 1900; *Une Médaille d'Argent*, Liège 1905.

Le Jury de l'Exposition de Bruxelles 1910, lui a accordé une **Médaille d'Argent.**

Maison FLABA THOMAS & Cie

Rue du Maréchal-Nortier, Le Cateau (Nord)

Fondée en 1880, par M. FLABA, qui débute avec un seul apprenti.

Actuellement 120 chevaux, 120 ouvriers, production environ 2.400 Charrues. Est actuellement gérée par Madame Veuve FLABA THOMAS et ses deux Gendres MM. DELMAR-FLABA ET DAUBRESSE-FLABA.

Le Stand de la Maison FLABA-THOMAS comprenait :

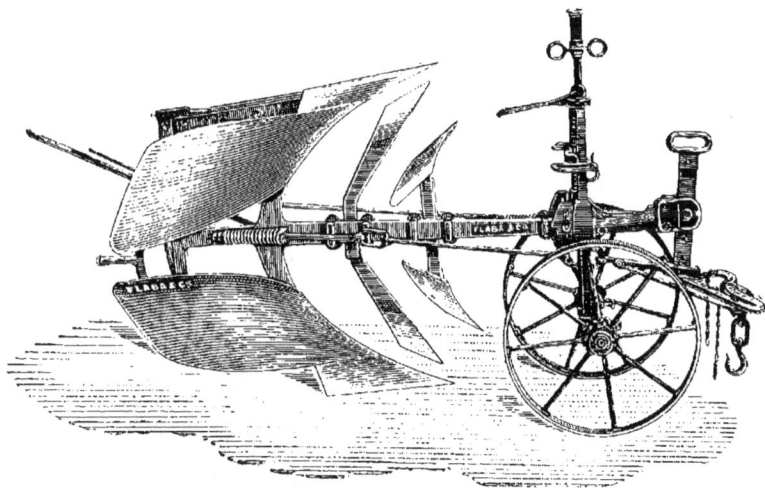

Deux Charrues-Brabants doubles et une série *d'avant-train*, représentant la totalité des Modèles de têtes, *d'essieu*, de *roues*, de *carolles*, et accessoires divers, de versoirs et de coyes.

Cette Exposition était surtout remarquable par ce fait qu'aucune pièce, aucun objet entrant dans la fabrication courante n'était représenté qu'une fois.

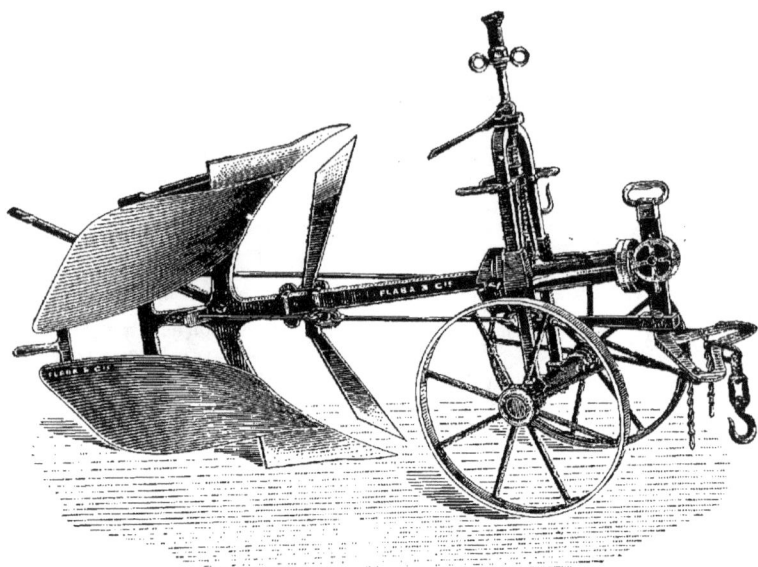

Le visiteur trouvait de ce fait l'objet de sa prédilection. En particulier une Charrue à queue, avec versoirs hélicoïdaux en acier martelé inégale épaisseur, tirage rationnel au centre des versoirs, toutes les pièces en acier estampé, ou forgé ou coulé, pas de fonte.

Une Charrue avec double haye avec perche conique à rattrapage de jeu et à mancherons inclinables et réglable suivant la hauteur de taille du conducteur, versoirs creux en acier triplex à 3 couches.

En outre des objets exposés, la Maison FLABA-THOMAS construit encore des *Herses, Rouleaux, Cultivateurs canadiens, Extirpateurs, Houes à cheval* et en général tous les Instruments en fer en usage dans la culture.

Bruxelles était sa première Exposition Universelle.

Le Jury de l'Exposition de Bruxelles 1910, lui a accordé une **Médaille d'Argent**.

Maison ROFFO & Cie

8, Place Voltaire, Paris

La Maison ROFFO ET Cie, fondée en 1877, par M. Louis Roffo, s'est spécialisée, depuis l'apparition des Machines de récolte en France, dans la fabrication des pièces détachées pour Faucheuses, Moissonneuses et Lieuses.

Elle possède des Bureaux, Magasins et Ateliers, à Paris, une Succursale

à Alger, et elle a installé depuis plusieurs années à Chauny (Aisne) une importante Usine d'une surface de 2 hectares et demi, raccordée à la ligne du Nord. Cette Usine, dirigée par M. J. Roffo, Ingénieur E. C. P. est dotée d'un outillage très moderne qui lui permet de produire en séries et dans les meilleures conditions, les pièces de sa spécialité.

Tant à Paris qu'à Chauny, la Maison Roffo et Cie, occupe un personnel de 250 employés et ouvriers.

Le Stand de la Maison Roffo et Cie comprenait :

Pièces détachées pour la fabrication et les réparations des Machines de récoltes de tous systèmes et de toutes provenances (Américaines, Anglaises, Françaises).

Les efforts faits par cette Maison pour substituer en France *les pièces françaises* à celles d'origine étrangère, lui ont déjà valu diverses récompenses.

En outre des objets exposés, la Maison Roffo et Cie construit encore une certaine catégorie d'Instruments d'intérieur de ferme et autres, tels que : *Egrenoirs de maïs*, *Coupe-herbes*, *Meules* montées pour l'affûtage des faucheuses, *Cultivateurs*, accessoires de *Machines de récoltes*, tels que : *Limonières*, *Avant-train*, " *Auto-vireur* ", *Roues*, *support de limon*, etc.

Dans les précédentes Expositions Universelles, la Maison Roffo et Cie a obtenu : *Une Médaille de Bronze* et une *Médaille d'Argent*, en 1889; *Une Médaille d'Argent* en 1900.

Le Jury de l'Exposition de Bruxelles 1910, lui a accordé une **Médaille d'Argent**.

Médailles de Bronze

ÉTABLISSEMENTS BRISTIEL & CIE

Place du Foirail, Pau
Maison, 7, Rue de Belfort (Bayonne)

Cette Maison a été créée, il y a plus de 35 ans, par M. CARRÈRE. MM. BRISTIEL ET DE TUGNY en ont pris la succession en 1906, et ont donné à cette affaire la plus grande extension en se consacrant plus particulièrement toutefois au Sud-Ouest, Nord, Espagne et Algérie. La Maison BRISTIEL ET Cie. possède toujours en Magasins la collection la plus complète de tous les Instruments à l'usage de l'Agriculture. En 1907, une Usine a été créée pour la fabrication spéciale des *Brabants-doubles*, dont la réputation et actuellement des plus établies et la production très importante. L'Usine fabrique également *Herses, Hache-paille, Moulins*, etc.

Le Stand de la Maison BRISTIEL ET Cie comprenait :

1 Brabant avec tête refoulante et Roues patents pour le travail des terrains sablonneux.

1 Brabant avec tête refoulante et Roues patents pesant 155 kilogs pour le labour dans les terrains caillouteux.

1 Brabant dit " *Reine des champs* " à crémaillère avec essieu extensible pour le labour dans les terrains très accidentés.

En outre des objets exposés, la Maison BRISTIEL ET Cie construit encore *l'Égrenoir* pour séparer les grains de maïs et les nettoyer. *La Herse* en zig-zag pour le hersage de tous les genres de terrain.

Toutes les *Machines agricoles*, les *Moteurs* de tous genres, les *Pétrins mécaniques*, la *Minoterie*, l'*Hydraulique*.

Dans les précédentes Expositions Universelles, la Maison BRISTIEL ET Cie a obtenu : *Une Médaille d'Argent*, à Saragosse (Espagne).

Le Jury de l'Exposition de Bruxelles 1910, lui a accordé une **Médaille de Bronze**.

Maison EMILE BROCHARD FILS

40, Boulevard Richard-Lenoir, Paris

Cette Maison, fondée en 1850, construit spécialement des constructions économiques Horticoles, Marquises, Appareils d'arrosage.

Abris, Serres démontables, des Fruitiers, des Châssis, des Batteries d'arrosage, des Cloches métalliques.

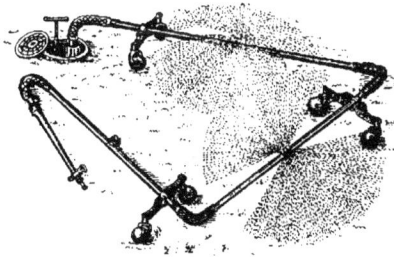

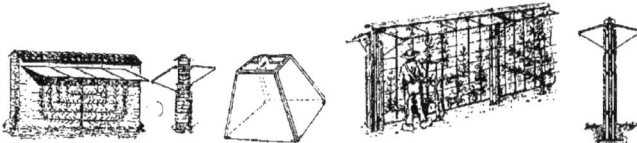

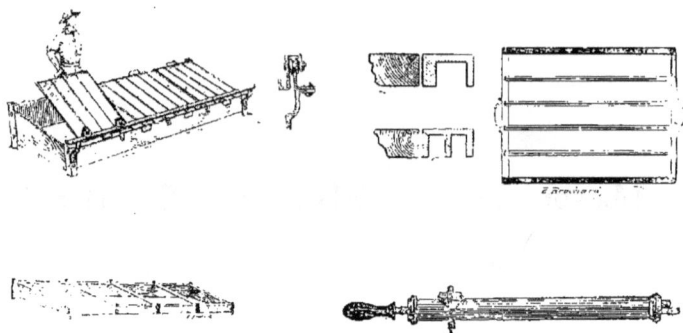

Dans les précédentes Expositions Universelles, la Maison E. BROCHARD Fils a obtenu : *Médaille d'Or*, Paris 1895; *Médaille d'Or*, Rouen 1896.

Le Jury de l'Exposition de Bruxelles 1910, lui a accordé une **Médaille de Bronze**.

Maison L. JONET ET CIE
à Raismes (Nord)

La Maison JONET, fondée en 1898 pour la construction des Élévateurs d'eau est la plus ancienne dans son genre. Elle s'est toujours adonnée tout spécialement à cette construction de sorte que tous ses efforts et ses soins se sont portés sur la même spécialité. Elle est arrivée ainsi à un degré de perfectionnement qui la place au premier rang de cette industrie.

La Maison a exposé un *Élévateur d'eau* dit « dessus de puits de sécurité » pour lequel elle est brevetée en France et à l'Étranger. Cet appareil possède de grands avantages. Il couvre entièrement tous les puits, ordinaires ou mitoyens, et empêche ainsi les infiltrations supérieures de contaminer la nappe d'eau, ce qui l'a fait approuver par la Société d'Hygiène de France. Il supprime les pompes et répond ainsi aux exigences de la loi du 19 février 1902, art. 9, qui s'est prononcée très nettement pour l'exclusion des tuyaux en plomb ou en acier, cause de nombreuses maladies. Il permet de tirer l'eau à n'importe quelle profondeur sans fatigue (un enfant de dix ans peut manœuvrer notre appareil) et il évite les accidents qui se produisent journellement avec les puits ouverts. Il ne craint pas la gelée contrairement à la pompe dont l'usage est interrompu pendant quelques semaines d'hiver.

La Maison JONET ne construit que des élévateurs d'eau.

Dans les précédentes Expositions Universelles, la Maison L. JONET ET Cᵢₑ a obtenu de nombreuses récompenses, tant dans les Expositions que dans les Concours agricoles.

Nous citerons entre autres : *Médaille d'Or* ; Exposition des Habitations à Bon Marché, à Paris ; Exposition de Lille ; Exposition d'Arras ; Exposition de Toulouse ; Exposition de Milan. Concours Agricoles de Lyon, Marseille, avec *Diplôme d'Honneur*, Saint-Quentin, Saint-Omer, Le Mans, Rennes, Nancy, Bordeaux,, Nice.

Hors Concours. Membres du Jury. Paris 1900 et Concours Agricole de Valenciennes.

Le Jury de l'Exposition de Bruxelles 1910, lui a accordé une **Médaille de Bronze**.

Maison PAUL QUIGNOT

Agriculteur à la Queue-de-Joiselle, par Esternay (Marne)

La Maison PAUL QUIGNOT exposait :

Avant-train à roues pivotantes pour semoirs et autres Machines analogues, permettant de conduire les Machines agricoles dans les mottes, raies ou autres aspérités du sol sans difficultés pour le conducteur, permettant également de faire le demi-tour sur place automatiquement. C'est l'applica-

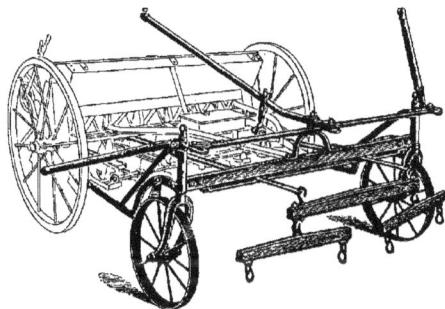

tion de la conduite automobile aux Machines agricoles avec l'avantage de tourner assez court pour permettre à la roue de derrière du côté quelle tourne de ne pas se déplacer.

La Maison PAUL QUIGNOT n'a jamais exposé, c'est une invention nouvelle.

Le Jury de l'Exposition de Bruxelles 1910 lui a accordé une **Médaille de Bronze**.

EXPOSITION UNIVERSELLE

DE

BRUXELLES 1910

CLASSE 36

MATÉRIEL & PROCÉDÉS DE LA VITICULTURE

RÉCOMPENSES

Hors Concours, Membres du Jury

MM. VERMOREL,
PÉCARD-MABILLE,
G. BARROU.

Grands Prix

MM. BESNARD, MARIS ET ANTOINE,
DAUBRON (Établissements),
SALOMON ET FILS,
SIMONETON,
THIRION,
Revue de la Viticulture.

Diplômes d'Honneur

M. DUJARDIN,
Syndicat général obligatoire des Viticulteurs de Tunisie (Tunis),

Médailles d'Or

MM. GODIN, PESSAT ET Cie,
LEROUGE,
NAUDIN.

Médaille d'Argent

MM. SEVESSAND FRÈRES.

Diplômes de Mention Honorable

COMICE AGRICOLE DE MARENGO,
COMICE AGRICOLE DE TIZI-OUZOU,
M. JACQUOT FILS.

EXPOSANTS HORS CONCOURS
En leur qualité de Membre du Jury

Maison MABILLE FRÈRES

PÉCARD-MABILLE, SUCCESSEUR

à Amboise (Indre-et-Loire).

L'importante Maison MABILLE-Frères, d'Amboise, fut fondée en 1835, par M. E. MABILLE père. Ses Fils, MM. Emmanuel et Ernest MABILLE lui succédèrent en 1868.

C'est à eux que notre grande Industrie Nationale du Pressoir doit la transformation des Pressoirs à vis et écrou en bois, en Pressoirs à vis centrale en fer et écrou en fonte. Avec une inlassable énergie, ces travailleurs, cherchant à simplifier le pressoir à engrenages, eurent l'heureuse idée de le remplacer par un mécanisme plus simple et plus énergique en faisant commander directement l'écrou par un levier dont le centre d'oscillation était sur la crapaudine.

Le *Pressoir à levier universel Mabille* fut unanimement reconnu comme le plus simple, le plus pratique, le plus sûr, et il conquit partout le droit de cité.

Pressoir Universel perfectionné avec maie ronde en tôle d'acier emboutie

En 1887, MM. Emmanuel et Ernest MABILLE cédèrent leur Maison à leur frère, M. Georges MABILLE, à leur fils et neveu M. Emmanuel MABILLE et à M. PÉCARD, gendre de M. Emmanuel MABILLE. A partir de cette époque, la Maison MABILLE prit une extension considérable. Il n'est point de Maison, dans la Construction vinicole, qui ait porté plus haut et plus loin, le renom de notre Industrie nationale.

Il s'agit là d'une si évidente vérité que partout, à l'étranger, le nom de « Mabille » est devenu synonyme de « Pressoir ».

Depuis 1909, M. PÉCARD-MABILLE, seul, est à la tête de cette importante Maison.

A l'Exposition de Bruxelles, au milieu d'une série de Pressoirs, de Fouloirs à vendange, de Broyeurs de pommes dont le fonctionnement est parfait, nous avons tout particulièrement remarqué une *Presse continue* à grand travail. Cette presse a pour but d'opérer, en une seule opération, l'assèchement complet de la vendange fraîche, foulée ou non, soit de la vendange foulée, égrappée et égouttée, soit du marc cuvé.

Presse continue avec disque rotatif

Le mécanisme de cette Presse se compose d'un fouloir, au-dessous duquel tourne horizontalement une vis d'Archimède renfermée dans un cylindre en laiton perforé (tube-filtre). Le tube-filtre plus long que la vis d'Archimède est obturé à son extrémité par une porte articulée, maintenue par un levier à contrepoids mobiles ; la partie comprise entre la dernière spire de la vis et la porte constitue la chambre de compression.

La vendange tombe du fouloir dans les spires de la vis qui l'entraîne vers la chambre de compression, dans laquelle elle s'assèche et s'entasse au point de former un aggloméré dit tampon, qui, sous la poussée des apports de la vis, sans cesse renouvelés, arrive à soulever la porte pour s'évacuer d'une façon continue. Le tampon, une fois fermé, la porte conserve sa position horizontale ; on varie à volonté le degré d'assèchement du marc en faisant frein, plus ou moins énergiquement, au moyen de la porte, et cela, par le déplacement des contrepoids.

Les jus sont recueillis dans une trémie, divisée en deux compartiments par une cloison inclinable. Dans la fabrication des vins blancs avec les raisins rouges, on peut recueillir séparément les jus blancs et les jus colorés.

L'entraînement en rotation du marc avec la vis d'Archimède est évitée d'une façon absolue par l'application du disque rotatif Mabille. Le disque rotatif, placé à l'entrée du tube-filtre, est une étoile en acier, dont les branches s'engrènent sur la vis d'Archimède, comme un engrenage sur une vis sans fin ; la présence constante des branches du disque en travers des spires de la vis, empêche la vendange de tourner avec celle-ci ; la vendange maintenue dans son périmètre par les parois du cylindre perforé, et poussée énergiquement dans le sens latéral par la vis d'Archimède avance, en se pressurant, d'une façon progressive, jusqu'à la chambre de compression dans laquelle s'achève son asséchement complet.

Les jus exempts de pépins, peaux et matières mucilagineuses passent ensuite par le Débourbeur, qui les débarrasse des matières solides qui ont été entraînées avec eux au travers du cylindre perforé.

En outre des objets exposés, la Maison MABILLE FRÈRES construit encore des *Pressoirs au moteur*, des *pressoirs hydrauliques*, *tout le matériel nécessaire pour les huileries et cidreries.*

Dans les Expositions Universelles, cette Maison a obtenu depuis 1900 :

> Saint-Louis 1904. *Hors Concours*. (Membre du Jury).
> Liège 1905. *Grand-Prix*.
> Milan 1906. *Grand-Prix*.
> Londres 1908. *Hors Concours*. (Membre du Jury).
> Bruxelles 1910. *Hors Concours*. (Membre du Jury).

Maison VERMOREL

Matériel Agricole et Vinicole, à Villefranche (Rhône).

Les importants Établissements de Villefranche ont été fondés, en 1820, par le grand-père de M. Victor VERMOREL. C'est surtout depuis une trentaine d'années que cette Maison a pris un prodigieux essor dans la construction des Instruments viticoles, et des Appareils propres à combattre les maladies des plantes. Le fameux Pulvérisateur Vermorel est aujourd'hui connu dans tous les pays. L'ingéniosité de son mécanisme jointe à une simplicité sans égale, a, dès son apparition, forcé le succès qui ne l'a plus quitté.

La Maison VERMOREL présentait à l'Exposition Universelle de Bruxelles des *Pulvérisateurs à main*, *Pulvérisateurs à dos*; une série de pompes destinées simultanément soit au traitement des plantes et des arbres, soit au badigeonnage et à la désinfection des locaux divers, étables, écuries, etc.

Pulvérisateur à main   Pulvérisateur à dos (Éclair)

Le *Pulvérisateur à main Vermorel* est destiné à l'arrosage ou au traitement des plantes d'appartement ou de serre.

Le *Pulvérisateur à dos (Éclair)* universellement connu, se compose d'un récipient elliptique d'une contenance de 15 litres, disposé pour s'appliquer exactement sur le dos de l'ouvrier, au moyen de bretelles. A l'intérieur du réservoir est une pompe à diaphragme que l'on manœuvre d'une main à l'aide d'un levier extérieur, tandis que l'autre main tient la lance reliée à l'appareil par un tube de caoutchouc. Cette lance est munie d'un jet laissant sortir le liquide sous forme de brouillard absolument impalpable. On peut, au besoin, lui substituer un jet droit permettant de projeter le liquide à une grande distance.

Le Pulvérisateur *Eclair* est surtout employé pour le traitement des maladies de la vigne et le traitement des arbres fruitiers.

Pompe " Cascade "

La *Pompe Cascade* construite par la Maison VERMOREL se compose d'un réservoir d'une contenance de 100 litres environ montée sur roues. Le système de pompe est le même que celui du Pulvérisateur « Eclair ».

La Maison VERMOREL a obtenu aux Expositions Universelles, les distinctions les plus flatteuses :

Paris 1900. *Deux Grands Prix.*
Saint-Louis 1904. *Grand Prix.*
Liège 1905, *Grand Prix.*
Milan 1906. *Hors Concours.* (Membre du Jury).
Londres 1908. *Grand Prix.*

Maison BARBOU FILS

Matériel Vinicole, 52, Rue Montmartre, à Paris

La Maison BARBOU a été fondée, en 1830, par M. BARBOU, grand-père, inventeur et fondateur de l'Industrie des Porte-Bouteilles, universellement répandue aujourd'hui.

Machine Auto-Tireuse

Cette Maison a depuis sa fondation participé à toutes les grandes Expositions françaises et étrangères qui se sont succédé depuis 1830.

La Maison BARBOU présentait à l'Exposition de Bruxelles, les nombreux articles de cave de sa fabrication, qui lui ont valu une renommée universelle dans cette spécialité.

Elle présentait une série de *Machines à rincer, emplir, boucher et capsuler* les bouteilles de construction nouvelle.

La caractéristique de toutes ces Machines est leur fonctionnement très simple, leurs prix relativement bas, permettant leur utilisation par toutes les Maisons de moyenne importance.

Grands Prix

Maison BESNARD, MARIS & ANTOINE

60, Boulevard Beaumarchais. Paris

La Maison BESNARD, MARIS & ANTOINE a été fondée en 1854 par M. F. BESNARD père, pour la fabrication des Appareils d'éclairage par les huiles minérales. C'est seulement en 1889 que M. BESNARD adjoignit à cette spécialité la construction des pulvérisateurs et des soufreuses pour le traitement des vignes.

Depuis 1893, cette Maison est dirigée par MM. BESNARD et MARIS, ingénieurs des Arts et Métiers, et par M. ANTOINE, ingénieur des Arts et Manufactures.

Les propriétaires actuels ont développé tout particulièrement la fabrication des instruments viticoles. Ils exposaient à Bruxelles, des *Pulvérisateurs, Soufreuses, Alambics* à distillation continue, des *Pasteurisateurs*. Les appareils présentés par cette Maison se recommandent par une perfection et un fini incomparables.

Le Pasteurisateur Besnard est caractérisé par le dispositif de la pompe qui se trouve placée sur le côté du réservoir complètement isolée du liquide, alors que dans la plupart des autres systèmes la pression s'exerce directement sur le liquide.

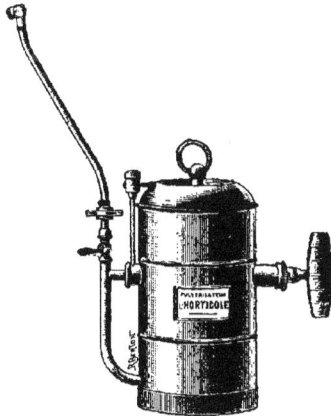

Pulvérisateur Besnard

Ce dispositif permet donc l'emploi de tous les liquides, acides, alcalins ou à base de savon. Cet avantage est précieux, car les maladies de la vigne exigeant des traitements très différents, ce système de pulvérisateur permet d'employer les liquides les plus divers.

Le Pulvérisateur Besnard est aujourd'hui universellement connu.

Le Pasteurisateur Besnard est également répandu partout. Cet appareil offre à la viticulture moyenne, la possibilité de traiter les vins presque sans frais et sans le secours d'ouvriers spéciaux.

Le coût de la pasteurisation d'une barrique de 228 litres avec le Pasteurisateur Besnard est estimé à 1 fr. 99 en comptant avec les frais de chauffage, de manutention et la stérilisation des barriques, l'amortissement du prix d'achat de l'appareil sur 500 barriques ; après l'amortissement, le coût de la pasteurisation descend à 0,59. Ce chiffre représente la faible prime d'assurance que tout viticulteur soucieux de ses intérêts devrait aujourd'hui s'imposer pour la conservation de ses vins.

MM. BESNARD, MARIS et ANTOINE ont aussi établi deux modèles de soufreuses, dépassant le rendement des instruments similaires employés jusqu'ici.

La soufreuse " Eole " peut répandre toutes espèces de poudres ;

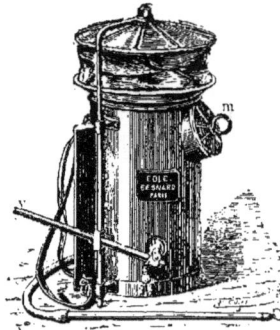

Soufreuse " Eole "

Le réglage de son débit est toujours certain, l'engorgement impossible. Le démontage et le remplacement des pièces peuvent s'exécuter rapidement. sans le secours de praticiens.

La soufreuse " Eole " a conquis un succès très vif dans la viticulture.

Soufreuse " Le Furet "

Il en est de même de la soufreuse à main " Le Furet ", qui permet avec l'emploi d'une seule main de répandre autant de soufre qu'avec une soufreuse à dos.

La Maison BESNARD, MARIS et ANTOINE a obtenu dans les Expositions Universelles les plus hautes récompenses. Elle fut hors concours à l'Exposition de Paris 1900 :

Elle a obtenu à Liège et à Saint-Louis des *Diplômes d'Honneur.*

A l'Exposition de Londres 1908, *Un Grand Prix.*

Le Jury décerne à MM. BESNARD, MARIS et ANTOINE, un diplôme de **Grand Prix.**

Maison E. SALOMON & FILS

Thomery (Seine-&-Marne)

Cette Maison a été fondée en 1867 par M. E. SALOMON. Elle a été augmentée en 1883 de la Maison Rose CHARMEUX.

MM. SALOMON et Fils exposent à Bruxelles des tableaux et graphiques montrant les diverses cultures et multiplications de la vigne, pratiquées par cet important Établissement. Ils exposent en outre des photographies montrant en détail le travail des raisins de table et leur emballage pour les expéditions.

La Maison SALOMON et Fils a remporté dans les Expositions Universelles les plus hautes récompenses ; nous rappellerons ses derniers succès :

Exposition Universelle de Paris 1900, *2 Grands Prix*.
Exposition Universelle de Liége 1905, *Grand Prix*.
Exposition Universelle de Milan 1906, *Grand Prix*.

Le Jury décerne à MM. SALOMON et Fils, un diplôme de **Grand Prix**.

Etablissements **DAUBRON**

57, Avenue de la République. Paris

Cette Maison a été fondée en 1835 par M. FRANÇOIS, qui eut pour successeurs MM. PRUDON et DUBOST. Elle est actuellement dirigée par M. Lucien DAUBRON, Ingénieur des Arts et Manufactures qui lui a donné une extension considérable.

Les Etablissements DAUBRON sont spécialisés dans la Construction des *Pompes de toutes sortes : Pompes centrifuges, rotatives, élévatoires, à piston, Groupes Electriques, Groupes Moto-Pompes pour filtration, etc...*

Ils exposent à Bruxelles plusieurs spécimens de leur *Pompe Baladeuse électrique autorégulatrice*. Ce remarquable instrument qui débite 11.000 litres par heure facilite singulièrement les travaux de transvasement. Sa disposi-

Pompe baladeuse autorégulatrice.

tion fait qu'il n'est pas nécessaire d'arrêter la pompe pour supprimer l'écoulement produit; il suffit de fermer le robinet d'écoulement; selon que ce robinet est plus ou moins ouvert, le débit est plus ou moins grand absolument comme s'il s'agissait du robinet d'une fontaine.

Un seul homme peut donc faire les travaux de transvasement sans s'occuper de la pompe qui est absolument automatique et qui cesse d'aspirer quand on cesse son refoulement.

Les Établissements DAUBRON ont remporté dans les Expositions Internationales les plus hautes récompenses :

Ils ont obtenu :

> Paris 1900, *Médaille d'Or*;
> Lille 1902, *Grand Prix*;
> Bruxelles 1907, *Grand Prix*;
> Londres 1908, *Diplôme d'Honneur*.

Le Jury décerne aux Établissements DAUBRON, un Grand Prix.

Maison E. SIMONETON

Le Raincy (Seine-&-Oise)

La Maison SIMONETON a été fondée en 1860, par M. Antoine SIMONETON père, pour la fabrication des tissus à filtrer. Il eut pour Successeurs ses deux Fils, MM. Emmanuel et Émile SIMONETON, qui commencèrent la Construction des filtres industriels.

Depuis 1897, M. Emmanuel SIMONETON est resté seul propriétaire de cette importante Maison.

Cette Maison expose à Bruxelles une série de *Filtres*, spécialement construits pour le filtrage des vins, lies, alcools et liqueurs.

Nous remarquons:

1° *Un Filtre à plateaux* pour la filtration des vins et plus spécialement de ceux chargés de lies. Ce modèle de filtre rend d'une part un liquide parfaite-

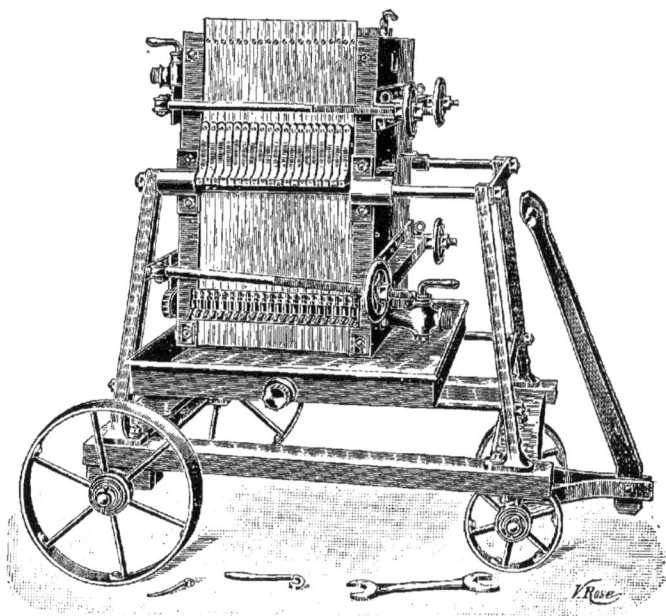

Filtre à plateaux, sur chariot, avec boule de sortie à deux robinets.

11

ment clair, et restitue de l'autre côté la matière solide tout à fait asséchée, sous forme de tourteau. La figure ci-dessous indique suffisamment le fonctionnement de cet appareil sans qu'il soit nécessaire de nous étendre davantage sur son fonctionnement.

2º *Un Filtre Fortior*, à manches doubles et concentriques, dont la disposition permet de filtrer à l'abri absolu de l'air.

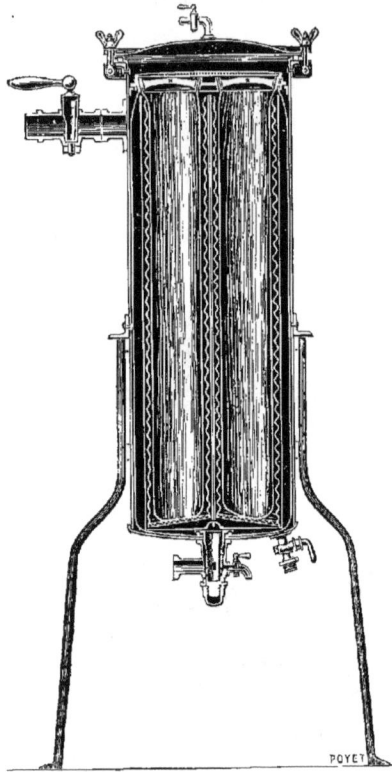

Vue en coupe du filtre Fortior

3º *Deux Filtres Universels* à disques et à serrage facultatif.

La construction spéciale et le mode de réglage rationnel de la matière filtrante permettent d'obtenir avec ce système un brillant absolu sans l'addition d'aucun produit.

Le rendement de ce modèle est considérable.

Il est particulièrement destiné au filtrage des vins blancs qui nécessitent une limpidité absolue.

M. SIMONETON a très largement contribué à répandre partout l'excellente pratique du filtrage, qui n'est plus discutée.

Les Établissements SIMONETON ont reçu dans les Expositions Universelles les consécrations officielles les plus flatteuses :

Exposition Universelle de Paris 1900, *Grand Prix;*
Exposition Universelle de Liège 1905, *Grand Prix;*
Exposition de Milan 1906, Hors Concours, *Membre du Jury.*

Le Jury de l'Exposition de Bruxelles a décerné à la Maison SIMONETON, un diplôme de **Grand Prix**.

Maison H. THIRION

10, Rue Fabre-d'Eglantine, Paris

Cette Maison a été fondée en 1868 par MM. THIRION père et fils, pour la fabrication des porte-bouteilles et des égouttoirs en fer. Elle entreprit ensuite la construction des *Machines à rincer, emplir, boucher et capsuler les bouteilles.*

Depuis plusieurs années, M. H. THIRION a créé des modèles de machines fournissant des rendements considérables ; ces machines figurent du reste au stand de cette importante maison, à l'Exposition de Bruxelles, où nous voyons :

1° *Une machine* marchant par force motrice, rinçant automatiquement deux bouteilles à la fois. La production journalière peut atteindre 7.000 bouteilles avec un seul ouvrier.

2° *Une machine automatique pour boucher les bouteilles,* dont la production journalière est de 15.000 bouteilles. Les bouchons y sont placés dans

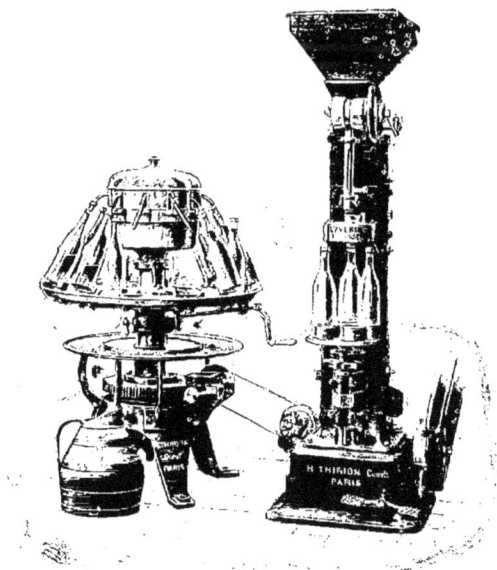

Machine à boucher

une trémie qui les distribue un à un dans un compresseur à mouvements parallélogrammes qui les comprime, puis les enfonce dans les bouteilles placées sur un plateau revolver. Ce plateau monte et descend automatiquement suivant la hauteur des bouteilles. Le travail de l'ouvrier consiste simplement à placer les bouteilles sur la machine et à les enlever une fois bouchées.

3° *Une machine à capsuler automatiquement deux bouteilles à la fois*, dont la production peut atteindre 12 à 15.000 bouteilles par journée de travail.

Machine à capsuler

Les capsules sont parfaitement serties au moyen de galets de forme spéciale, qui tournent autour du goulot des bouteilles.

La Maison THIRION expose également une série de *Machines à rincer, boucher*, fonctionnant à la main. Toutes ces Machines sont parfaitement étudiées et de fabrication très soignée.

La Maison THIRION a remporté les plus hautes récompenses dans les Expositions Universelles.

Liège 1905. *Grand Prix.*
Milan 1906. *Grand Prix.*
Londres 1908. *Grand Prix.*

Le Jury décerne à cette Maison un nouveau diplôme de **Grand Prix**.

REVUE DE VITICULTURE

35, Boulevard Saint-Michel, Paris

La *Revue de Viticulture*, organe de l'Agriculture des régions vilicoles a été fondée, il y a une vingtaine d'années, par M. VIALA, inspecteur général de la viticulture, et professeur d'agriculture à l'Institut Agronomique.

Cette publication, dont le siège est Boulevard Saint-Michel, à Paris, a contribué pour une part importante à la diffusion des meilleures méthodes de vinification.

La *Revue de Viticulture* comprend dans son conseil de rédaction les plus hautes notabilités du monde scientifique, s'intéressant tout particulièrement aux questions vinicoles.

Nous y relevons les noms de MM. CAZELLES, membre du Conseil Supérieur de l'Agriculture ; docteur CAZENEUVE, sénateur du Rhône ; CHANDON DE BRIAILLES, vice-président des Viticulteurs de France ; GERVAIS, vice-président de la Société des Agriculteurs et des Viticulteurs ; GUILLON, inspecteur de la viticulture ; PACOTTET, chef des travaux à l'Institut Agronomique ; SEMICHON, directeur de la station œnologique de Narbonne, Raymond BRUNET, ingénieur agronome.

Le Jury décerne à la *Revue de Viticulture* un diplôme de **Grand Prix**.

Diplôme d'Honneur

Maison J. DUJARDIN

24, Rue Pavée, Paris

Cette Maison a été fondée en 1856 par M. SALLERON. M. DUJARDIN, collaborateur de M. SALLERON, depuis 1878, lui succéda en 1889.

Cette Maison est spécialisée dans la fabrication des instruments de précision appliqués par le commerce à l'analyse des vins, des eaux-de-vie, des alcools, et à la recherche de leur falsification.

Les appareils de M. DUJARDIN sont universellement connus pour qu'il soit inutile d'insister longuement sur l'Exposition de cette Maison.

M. DUJARDIN a exposé à Bruxelles quelques-uns de ses Instruments de précision œnologiques, parmi lesquels nous remarquons plusieurs Alambics et *Ebulliomètres Salleron*, permettant de connaître immédiatement la dose d'alcool que renferme le vin.

L'Extracto-œnomètre Dujardin destiné à rechercher la proportion des sels solubles et des matières dites extractives.

L'acidimètre Dujardin, servant à déterminer l'activité fixe ou volatile du vin, élément essentiel de sa bonification.

Le Jury décerne à M. DUJARDIN un **Diplôme d'Honneur.**

Médailles d'Or

Maison GODIN, PESSAT & Cie

22, Rue des Francs-Bourgeois. Paris

Cette Maison a été fondée en 1875, par M. Léon QUILLET, qui a eu pour successeur M. NICLOZ. En 1895, M. ANTOINE, Ingénieur des Arts et Manufactures en prit la direction et lui donna une extension considérable. MM. GODIN et PESSAT, collaborateurs de M. ANTOINE lui succédèrent en 1908.

Cette Maison expose à Bruxelles, diverses *Machines à rincer, emplir, boucher et capsuler les bouteilles.*

Les Machines les plus importantes et qui attirent tout particulièrement l'attention du Jury, sont celles destinées au bouchage et au capsulage.

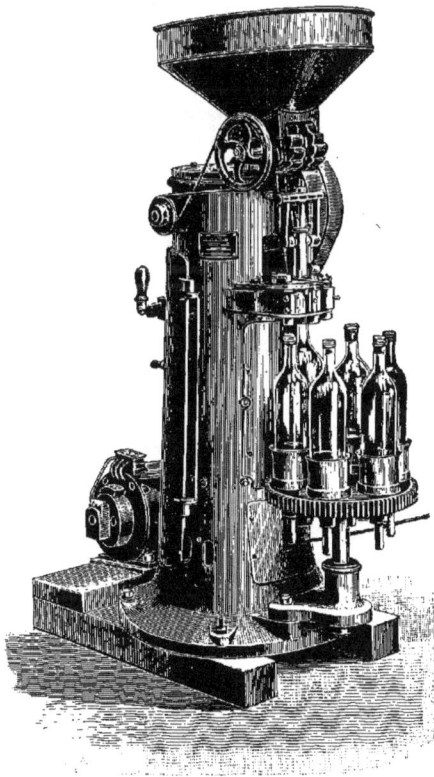

Nous voyons en effet une *Machine à boucher* à grand travail, fonctionnant au moteur et pouvant boucher 12 à 15.000 bouteilles par jour. Les bouteilles sont placées sur un plateau distributeur automatique; les bouchons versés dans une trémie qui se trouve à la partie supérieure de la

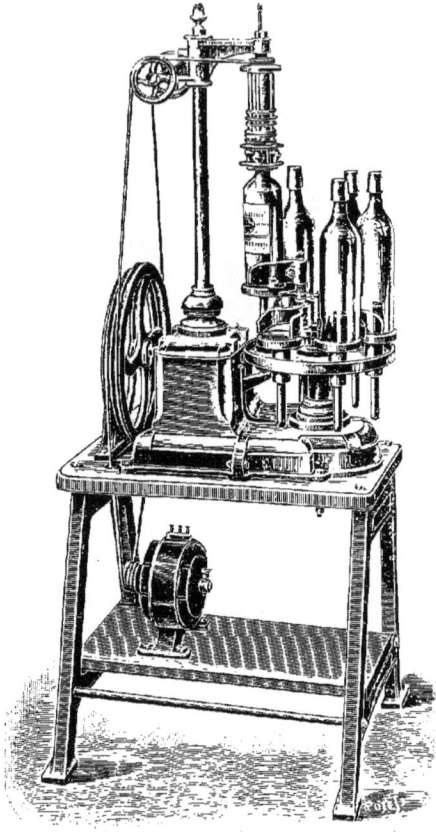

machine, sont amenés un à un dans un compresseur en bronze. La compression circulaire du bouchon soumis sur toute sa surface à un serrage bien égal avant de subir le refoulement dans le goulot de la bouteille, est excellente.

Nous voyons d'autre part, une nouvelle *Machine à capsuler*, fonctionnant au moteur. Le capsulage est obtenu rapidement avec des capsules de toutes longueurs et de tous diamètres. La bouteille reste verticale, placée sur un plateau qui la maintient centrée et guidée pendant le capsulage.

Le capsulage est obtenu par des galets en caoutchouc qui sertissent fortement la capsule, en lui faisant épouser toutes les déformations du goulot sans altération du vernis.

La Maison GODIN ET PESSAT expose également les multiples articles de cave de sa fabrication, robinets en cuivre, articles de ferblanterie et de cuivrerie, articles de tonnellerie.

Le Jury décerne à MM. GODIN ET PESSAT une **Médaille d'Or**.

Maison ALBERT LEROUGE

115, Quai de la Gare. Paris

Cette Maison a été fondée en 1860; primitivement ses opérations se bornaient au trafic des futailles; elle s'est ensuite spécialisée dans le commerce des gros fûts, pour arriver enfin à créer un matériel spécial de louage de plus en plus perfectionné, et dont le dernier type fait l'objet de sa participation à l'Exposition de Bruxelles.

M. LEROUGE y présente une série de gros Fûts, de fabrication extrêmement soignée et parfaitement étudiée.

Nous remarquons en effet que les fûts, exposés par la Maison LEROUGE, se distinguent des appareils similaires par les caractéristiques suivantes :

La ruche ou carcasse de ces fûts est établie en chêne d'Amérique, en raison de la dureté de ce bois qui prolonge la résistance à l'usure causée par le roulage.

Le choix des douelles a également porté sur une longueur minima déterminée de façon à obtenir une jauge supérieure à 600 litres, tout en conservant une note d'élégance et de solidité que ne donnent pas d'ordinaire des douelles trop courtes, obligeant à amplifier le bouge pour obtenir cette contenance de 600 litres.

Le bois d'Amérique ordinairement employé pour la foncure des fûts est remplacé, dans ceux exposés par cette Maison, par une foncure en chêne de Russie de 4 cm. d'épaisseur; il en résulte un ensemble rigide, résistant parfaitement à la déformation, si souvent causée par les pièces de la foncure qui se voilent et préparent dès lors la ruine du fût.

Nous remarquons aussi que le jointage a été construit exactement d'équerre; que la taille du fond a été faite au milieu de l'épaisseur du bois, à l'endroit le plus résistant, dans le but d'éviter la déformation du fût qui résulte fatalement des fonds devenant concaves ou convexes sous la pression d'un fût têtier ou du liquide.

Enfin, le cerclage est établi d'une façon particulière. Il emboîte le fût assez bas pour garantir l'endroit affaibli par le sillon prononcé du jâble, ce qui contribue précisément à la solidité du fût.

Le Jury décerne à la Maison LEROUGE, une **Médaille d'Or.**

Médaille d'Argent

Maison SEVESSAND FRÈRES

35, Rue du Général-Faidherbe, Le Havre

Cette Maison a été fondée en 1863, par M. SEVESSAND père, qui a eu pour successeurs ses deux fils. MM. SEVESSAND frères, s'occupent tout spécialement de la fabrication et de l'agencement des boîtes postales pour échantillons liquides, huiles, vins, eau-de-vie, etc.

Ils exposent à Bruxelles :

1° Une série d'*Étuis postaux en bois perforé*, avec couvercle tournant sur pivot, une fermeture pratique et simple, assurée par une double lamelle en métal, basculant sur le couvercle, permet une vérification rapide du contenu par l'administration des Postes.

2° Une série de *Boîtes en carton ondulé*.

Ce genre d'emballage très léger, diminue sensiblement l'affranchissement des envois.

Les articles exposés sont de fabrication très soignée.

Le Jury de la Classe 36 accorde à MM. SEVESSAND frères une **Médaille d'Argent**.

Rapporteur

M. G. BARBOU

Rapport de la Classe 37

Rapporteur

M. VIDAL-BEAUME

EXPOSITION UNIVERSELLE

DE

BRUXELLES 1910

CLASSE 37

MATÉRIEL DES INDUSTRIES AGRICOLES

Membres du Jury

MM. Paul Barbier,
Edmond Garin,
Vidal-Beaume.

RÉCOMPENSES

Hors Concours

MM. Barbier et Le Clézio,
Edmond Garin.

Grands Prix

Société Anonyme des Établissements Égrot,
MM. Émile Guillaume,
Établissements Kulmann,
Lévi Frères,
Henri Pillet,
Simon Frères.

Médailles d'Or

MM. Victor Coq,
A. Duquesne,
Société des Aviculteurs Français.
Société Nationale d'Aviculture de France,
Henri Voitellier.

Médailles d'Argent

M. de Constant, Barthélemy et Cⁱᵉ,
Eugène Plisson.

Médaille de Bronze

M. Fouquet de Lusigneul.

EXPOSANTS

Membres du Jury

Maison PAUL BARBIER & LE CLÉZIO

46, Boulevard Richard-Lenoir, à Paris

Cette Maison a été fondée en 1883, par M. Paul BARBIER, ancien Élève de l'École d'Arts et Métiers de Châlons, et Collaborateur, pendant 16 ans, de M. Hugues CHAMPONNOIS, le véritable créateur de la Distillerie Agricole de betteraves.

La Maison s'occupe spécialement de l'Installation des Distilleries Agricoles et Industrielles, des Féculeries, Amidonneries et fabrication du Tapioca.

Objets exposés : Étant donnée la spécialité de la Maison, les installations complètes d'usines, la Maison Paul BARBIER ET LE CLÉZIO, a exposé des plans-types d'usines :

1° *Un tableau* d'installation de distillerie de betteraves par la diffusion ;
2° *Un tableau* d'installation de distillerie par macération-diffusion ;
3° *Un tableau* d'installation de distillerie de grains et pommes de terre ;
4° *Un tableau de féculerie.*

Ces divers tableaux démontrent que la Maison a perfectionné les installations, tant en distillerie qu'en féculerie, au point de vue de l'obtention d'un rendement maximum avec le minimum de main-d'œuvre et de combustible.

Parmi les *Appareils de distillerie*, nous rappellerons principalement :

Le laveur à bras avec épierreur infaillible.

Le coupe-racines à plateau horizontal, porte-couteaux mobiles et cloisons hélicoïdales. Ces cloisons hélicoïdales assurent la production de cossettes longues et régulières, et ont été adoptées par toutes les grandes Maisons de Constructions françaises et étrangères.

Les macérateurs et diffuseurs en fonte avec vidange rapide par le fond.

Le réemploi immédiat des petits jus par l'aspiration dans le macérateur ou le diffuseur.

La production de l'alcool à haut degré (90-93°) de premier jet applicable à toutes les colonnes à distiller existantes.

En féculerie et amidonnerie :

Le double râpage immédiat pour l'obtention du maximum de fécule première.

Les tamis hexagonaux à arrosage intérieur et extérieur avec cadres mobiles.

Les plans de dépôt à volets mobiles.

Et, surtout dans cette industrie de la féculerie, une méthode de travail rationnelle qui permet d'obtenir le maximum de rendement en fécule première.

Presque toutes les féculeries installées par la Maison vendent leur produits avec prime.

La Maison s'occupe également de l'emploi industriel de l'alcool par la construction de Moteurs spéciaux et de réchauds à gaz d'alcool.

La Maison BARBIER ET LE CLÉZIO a installé 275 Usines dont 260 Distilleries, Féculeries, Amidonneries et Fabriques de Tapioca.

En outre des objets exposés, la Maison Paul BARBIER ET LE CLÉZIO, dans son atelier de mécanique, construit encore des *Machines pour le découpage, l'emboutissage, et le forgeage des métaux*.

Et par application des Pompes à eau, utilisées dans les installations d'usines, la Maison BARBIER s'est spécialisée dans la question des élévations d'eau de puits profonds, soit pour usines, soit pour villes et villages.

La Maison a également opéré : Les installations d'eau dans cinq Communes.

Elle a créé en 1888 les procédés de compression et de conservation des vivres, pour l'alimentation des troupes en manœuvre et en campagne; Usine de Billancourt, Ministère de la Guerre.

Elle a été adjudicataire de nombreux marchés avec le Ministère de la Marine pour les Machines à réfectionner les douilles de cartouches.

Elle a installé plusieurs fabriques d'engrais.

Dans les précédentes Expositions Universelles, la Maison Paul BARBIER ET LE CLÉZIO, a obtenu : Paris 1889, Exposition Universelle, *Médaille d'Argent;* Anvers 1894, Exposition Internationale, *Hors Concours*, Membre du Jury; Paris 1900, Exposition Universelle, *Hors Concours*, Membre du Jury;

Saint-Louis 1904, Vice-Président du Groupe des Industries Agricoles.

Vienne (Autriche) 1904, Membre du Comité d'Organisation, Président du 3e Comité. Utilisation Industrielle de l'Alcool.

Liège 1905, Exposition Universelle et Internationale, *Grand Prix.*

Membre du Comité d'Organisation des Expositions Universelles de Londres et de Milan.

Bruxelles 1910, Exposition Universelle et Internationale, Vice-Président du Comité d'Installation Groupe VII (Classe 37).

Bruxelles 1910, Membre du Jury (Classe 37).

En 1898, M. BARBIER fut chargé d'une Mission officielle en Allemagne par les Ministères du Commerce, de l'Agriculture et des Finances pour l'étude des emplois industriels de l'alcool : et, à son retour il organisa de nombreuses conférences et différentes Expositions relatives à la mission accomplie.

Il fut Vice-Président du Comité Technique des Congrès de l'alcool en 1902, 1903, 1907.

Officier de la Légion d'Honneur; Officier de l'Instruction Publique; Commandeur du Mérite Agricole; Chevalier de l'Ordre d'Isabelle la Catholique.

A l'Exposition de Bruxelles 1910, M. Paul BARBIER était **Membre du Jury.**

Maison EDMOND GARIN

Route de Solesmes, à Cambrai (Nord)

La MAISON GARIN, de Cambrai, fondée le 1er Janvier 1888, entreprenait, peu de temps après (1890), la fabrication des Appareils de Laiterie, et notamment de l'Ecrémeuse centrifuge "*Melotte*" qui venait de faire son apparition.

Très rapidement, elle donna à cette fabrication une extension considérable. Elle débutait avec une trentaine d'ouvriers, chiffre qui s'est élevé progressivement à près de 300 ouvriers et employés; possède un outillage moderne et spécial des plus perfectionnés. Plus de 130 machines-outils diverses sont actionnées par une force motrice de 220 chevaux ; a installé cette année une Fonderie moderne et une Emaillerie pour ses propres besoins.

L'Exposition de la Maison GARIN comportait toute une série d'écrémeuses *Melotte* dont les débits varient de 50 à 2.000 litres à l'heure et les prix de 85 à 1.900 francs, une collection aussi complète que variée de Barattes, de Malaxeurs, de Presses et de Moules à beurre continus et autres, ainsi que tous accessoires divers pour la Laiterie.

Dans deux élégantes vitrines étaient exposées diverses pièces en cours de fabrication qui permettaient de juger de la puissance de l'outillage employé et de la précision du travail.

L'écrémeuse *Melotte* est suffisamment connue :

On sait que, dans cet appareil, le bol est suspendu librement, la rotule de suspension est formée par une couronne de billes (Brevet GARIN) ; il ne repose sur aucun pivot comme dans d'autres systèmes et n'est maintenu par aucun coussinet. Cette disposition supprime l'usure, assure le parfait équilibre du bol à un travail mieux exécuté, avec une dépense de force considérablement moindre.

Une fois mise en route, l'écrémeuse *Melotte* ne demande qu'un effort insignifiant pour continuer sa rotation et, abandonnée à elle-même, elle tournera encore pendant 20 ou 25 minutes. Un frein qu'on met en action, en agissant sur une petite manette, permet toutefois l'arrêt en quelques minutes.

Une femme actionnera facilement une écrémeuse d'une grande production. C'est un point capital et intéressant pour une écrémeuse à bras ; en effet, avec une machine lourde à actionner, l'opérateur se laisse aller à une diminution de vitesse ; il en résulte un dégraissage imparfait à une production moindre de beurre.

Une autre disposition spéciale et tout à fait capitale que nous ne devons pas oublier consiste en plateaux polarisateurs procurant la séparation rationnelle du petit lait et de la crème qui s'effectue ainsi plus complètement et plus rapidement, de sorte que la production de l'appareil s'en trouve considérablement augmentée et que ce même bol effectue pendant le même temps et sans aucune augmentation de la force de maniement un travail trois ou quatre fois plus considérable.

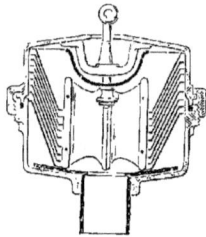

Cette disposition a provoqué de la part de M. GARIN un perfectionnement dont on va comprendre toute l'importance.

La grande objection contre ces plateaux intérieurs était toujours la prétendue difficulté de nettoyage, comme s'il n'était pas plus simple de nettoyer quelques minutes, besogne facile, que d'actionner la machine pendant une demi-heure ou plus, besogne souvent très fatigante dans certains systèmes.

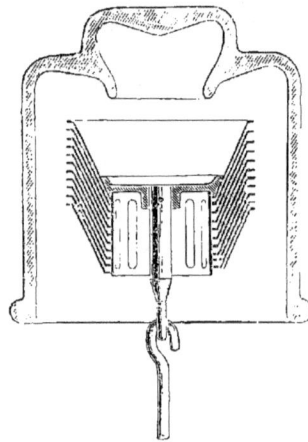

Or, M. GARIN réduit ce faux argument à néant en employant au nettoyage des systèmes intérieurs la force centrifuge elle-même.

On loge la série complète des plateaux ou cloisons dans un dispositif qui s'accroche en lieu et place du bol, on verse quelques litres d'eau tiède au centre du système pendant que l'on fait faire quelques tours à la manivelle ; instantanément, la série complète se trouve lavée, nettoyée et séchée.

On conçoit que, dans ces conditions, le nombre de plateaux ou cloisons ne signifie plus rien, quant à leur durée du nettoyage ; qu'il y en ait peu ou beaucoup, celui-ci est instantané.

Une très heureuse combinaison des plateaux et d'une lanterne centrale augmente encore leur puissance d'écrémage et, par suite, la production de l'appareil ; de sorte que nous voyons des écrémeuses d'un prix très minime actionnées par des enfants et réalisant un travail considérable ; c'est ainsi que des appareils à bras de 85 francs à 490 francs écrèment radicalement 50 à 540 litres à l'heure.

Aucun appareil à bras n'a pu pratiquement atteindre jusqu'ici des débits aussi élevés.

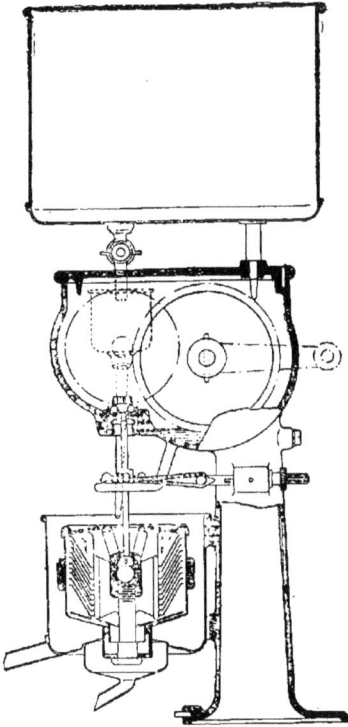

A citer particulièrement comme nouveautés :

1° Un petit modèle d'*écrémeuse populaire* " *Emeraude* " (marque déposée) d'un débit de 50 à 75 litres à l'heure, aux prix de 85 et 105 francs, modèle créé tout récemment.

Il répond au besoin de la petite culture par son bas prix, tout en assurant la plus grande garantie comme fonctionnement et durée.

Reposant sur le principe du bol suspendu, il présente une sérieuse amélioration à ce principe dans son système d'accrochage du bol. La tige de suspension est munie d'une rotule à son point d'attache et d'entraînement au centre même du bol, ce qui assure un équilibre automatique.

Le mouvement d'engrenages, bien étudié, garantit une marche très douce, en même temps que sa disposition permet un graissage permanent de tous ses organes.

A côté des Écrémeuses, c'est une superbe collection de Barattes " *Progrès* ", remarquables par leur simplicité, leur solidité et le fini de leur construction.

Le tonneau tourne sur le travers et sur l'axe horizontal oblique ; elle ne possède aucun batteur et l'ouverture se fait sur toute la surface de l'un des fonds.

C'est un appareil très confortable, d'une construction très soignée et d'un prix de revient peu élevé, qui met ce système à la portée de toutes les bourses.

La Baratte GII répond au besoin de la grande Industrie beurrière. Elle est montée sur un solide bâti en fonte, rigide, bien entretoisé, pour vaincre tout effort latéral.

Le tonneau est en chêne de tout premier choix, muni de tourillons robustes et reposant sur paliers munis de coussinets en bronze.

Le mouvement de commande se fait avec engrenages intermédiaires, permettant aussi une vitesse plus grande aux poulies, afin d'éviter les glissements de courroie. En conséquence, le travail est plus régulier et assure un bon rendement.

La baratte est munie sur le côté d'une fermeture spéciale permettant de recueillir le beurre dans une jatte roulante. Ajoutons que le couvercle est d'une seule pièce avec regard et robinet d'air.

On remarque aussi trois nouveaux types de Malaxeurs très bien étudiés et d'une construction simple et robuste.

3° *Le Malaxeur rotatif retourneur " Excelsior "*, avec rouleau alternatif, est le dernier cri du Progrès. Toute coopération manuelle est inutile ; un dispositif automatique assure le rouleau cannelé d'un mouvement alternatif pendant que la table convexe tourne toujours dans le même sens. La bordure de la table est fixe. L'eau du délaitage s'écoule sur toute la circonférence dans une nochère circulaire.

Comme ensemble, exposition remarquable où l'on peut voir les plus belles séries d'appareils de Laiterie de toutes sortes, accessoires divers parmi lesquels est à citer la fermeture " *Idéale* " pour pot laitier, laquelle a l'avantage de pouvoir s'appliquer sur tout pot ordinaire ; Echaudoir pour le lavage et la stérilisation des pots, Moules à beurre automatiques et continus, presses à beurre, etc.

Dans les précédentes Expositions Universelles, la Maison GARIN a obtenu :

Grand Prix, Paris 1900 ;
Deux Grands Prix, Liège 1905.

A l'Exposition de Bruxelles, M. GARIN était Membre du Jury.

Grands Prix

Société Anonyme des Etablissements EGROT

19, 21, 23, 25, rue Mathis à Paris

La Maison EGROT a été fondée à Paris en 1780. Depuis cette date, elle fut transmise de père en fils jusqu'au 1er Janvier 1892, date à laquelle fut formée la Société Egrot & Grangé, transformée, en 1902, en Société en commandite Egrot, Grangé & Cie, devenue peu après la Société Anonyme actuelle au Capital de 1 200.000 fr., avec MM. Egrot et Grangé comme Administrateurs-Directeurs.

L'Exposition des Etablissements comportait les appareils suivants :

1° *Alambic brûleur* à bascule, système Egrot, pour la distillation des fruits, vins, marcs, cidres, etc. Cet appareil, répandu maintenant dans tous les pays, assure la production de premier jet d'eau-de-vie fine de très bonne

Alambic brûleur à bascule, système Egrot

qualité. La figure représente cet alambic qui est caractérisé par le système de basculement, par la fermeture du couvercle avec joint rapide, et surtout par le rectificateur sphérique qui analyse les vapeurs sortant de l'alambic et améliore beaucoup la qualité de l'eau-de-vie produite.

2° *Appareil de Distillation continue*, système E. Guillaume, pour la distillation des vins et tous produits fermentés, produisant des alcools à haut degré. Cet appareil est un spécimen de ceux que construit la Société Egrot, comme concessionnaire général des brevets Guillaume. Il comporte la colonde inclinée, solution très nouvelle, qui permet à l'appareil d'avoir une très petite hauteur, et surtout d'assurer la distillation des liquides clairs ou épais avec une dépense de vapeur extrêmement réduite.

Appareil de distillation à colonne inclinée, système Guillaume

Installations de Distilleries Agricoles. — Les tableaux exposés représentent des vues d'ensemble de distilleries agricoles de betteraves, de grains, etc., installées par la Société Egrot. Ces distilleries comportent beaucoup de dispositions nouvelles et notamment le système de diffusion et le système de fermentation continue qui ont été brevetés en commun par l'Ingénieur Guillaume et MM. Egrot et Grangé, co-directeurs de la Société Anonyme ; on y trouve aussi la production directe de l'alcool rectifié par l'appareil de distillation-rectification directe, système Guillaume. Cet appareil fait l'objet d'une description particulière, car il est exposé personnellement par M. Émile Guillaume.

La Maison Egrot expose encore divers appareils pour la fabrication des *Conserves*, des *Confitures*, etc. ; *une Bassine à vapeur*, basculante, en cuivre, pour la cuisson des légumes et des fruits, munie de l'appareil de basculement de sécurité, système Egrot ; une *Autoclave* à vapeur de 100 boîtes pour la stérilisation des boîtes.

Tous ces appareils font ressortir la construction extrêmement soignée qui a toujours été le signe distinctif de cette Maison.

Bassine basculante à vapeur, pour conserves

En outre des objets exposés, la Maison Egrot construit encore tous les travaux de Chaudronnerie en cuivre et en fer, mais elle s'est surtout spécialisée dans la Construction des *Appareils de distillerie*, des *Alambics*, des *Fabriques de liqueurs*, des *Appareils pour la fabrication des essences*, des *Conserves alimentaires*, etc.

La Société Egrot est concessionnaire général des brevets E. Guillaume, pour tous pays, brevets relatifs à la distillation et à la rectification.

Dans les précédentes Expositions Universelles, la Maison Egrot a obtenu : Exposition Universelle de 1889 à Paris, *Hors Concours*, Membre du Jury, *Croix de Chevalier de la Légion d'Honneur* (M. Egrot); Exposition Universelle de 1894 à Anvers, *Hors Concours*, Membre du Jury ; Exposition Universelle de 1900 à Paris, *Deux Grands Prix et Deux Médailles d'Or*, *Croix de Chevalier de la Légion d'Honneur* (M. Grangé), *Croix d'Officier de la Légion d'Honneur* (M. Egrot); Exposition Internationale de l'Alcool de 1904 à Vienne, *Grand Prix* ; Exposition Internationale de 1905, à Liège, *Grand Prix* ; Exposition Internationale de 1906 à Milan, *Grand Prix* ; Exposition Franco-Britannique de 1908 à Londres, *Grand Prix* ; Exposition Hispano-Française de 1908 à Saragosse, *Grand Prix*.

Le Jury de l'Exposition de Bruxelles lui a accordé un **Grand Prix**.

Maison AUGUSTE GAULIN

170, rue Michel-Bizot — Paris

La Maison, depuis 1892, date de sa création, s'est exclusivement inté-
ressée à l'Industrie laitière, a constamment travaillé au perfectionnement des
Appareils de cette Industrie, a pris de nombreux brevets, occupe une place
sur le marché du monde entier, fait de nombreuses affaires dans l'exportation,
et son chiffre d'affaires est toujours prospère.

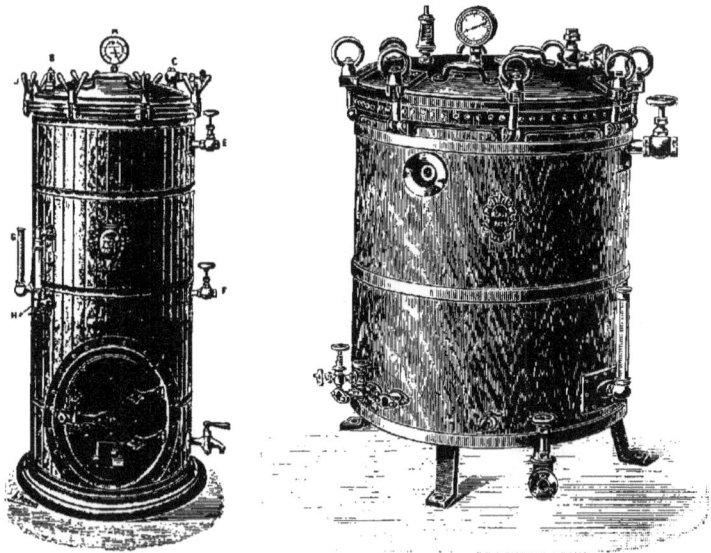

Objets exposés :

1° *Stérilisateur cylindrique* à vapeur sur foyer en cuivre rouge;
2° *Stérilisateur cylindrique* à barboteur et serpentin.

Les stérilisateurs pour petite et grande industrie sont d'une fabrication soignée, robuste et élégante. Ils sont munis d'appareils de contrôle et de sûreté spécialement étudiés pour la stérilisation du lait. L'herméticité du couvercle s'obtient instantanément à l'aide de boulons à bascule.

Chaque stérilisateur contient deux paniers en tôle perforée galvanisée pouvant recevoir des récipients de toutes formes et de toutes capacités.

Homogénéisateur Gaulin

pour le Lait et la Crème, breveté S. G. D. G., France et Étranger

Depuis l'Exposition de Liège, M. GAULIN a apporté à son homogénéisateur de grands perfectionnements qui se caractérisent comme suit :

1° Le conduit en bronze d'arrivée de lait, qui était percé de plusieurs petits trous distribuant uniformément le lait sur le clapet en agate (homogénéisateur type 1902), ne possède plus actuellement qu'un seul trou variant de 5 à 10 ^{m}/$_m$ de diamètre suivant le débit de la machine (homogénéisateur type 1909). Le clapet agate type 1909 est muni d'une tige cylindrique centrale rentrant dans ce trou unique et ayant un diamètre plus faible de quelques dixièmes de millimètres, de sorte que, maintenant, la distribution du lait sur le clapet agate se fait par un espace annulaire, et que cette distribution du lait se produit de la même façon sur le clapet qu'avec les petits trous

du type 1902, évitant ainsi la crainte que les clients avaient de les voir se
boucher.

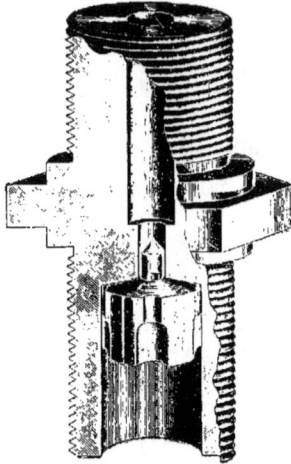

De plus, avec l'homogénéisateur type 1909
on obtient une homogénéisation aussi parfaite à 150 kilos de pression que celle que
l'on obtenait à 250-300 kilos avec l'homogénéisateur type 1902, d'où grande économie de force en chevaux-vapeur et, par
suite, économie de combustible.

2° Les trois corps de pompe, le collecteur
d'aspiration et le collecteur de refoulement
ne forment plus qu'un seul bloc, venu de
fonderie d'une seule pièce sans noyautage.
Tous les orifices où passe le lait sont usinés
mécaniquement et pourvus de bouchons
assurant un nettoyage rapide et parfait,
tous ces orifices étant rectilignes. Les clapets d'aspiration et de refoulement sont
superposés, ce qui permet de n'avoir que
trois bouchons au lieu de six pour le net-
toyage et la visite des boîtes à clapets. Ces bouchons sont munis d'un petit
pointeau pour l'évacuation de l'air à la mise en route.

3° Cette construction a permis la suppression des collecteurs d'aspiration
et de refoulement séparés et, par suite, des six rallonges et de leurs joints
et presse-étoupe toujours sujets à fuite.

Pasteurisateur " Le Moderne" à Turbine à vapeur

M. GAULIN présente un nouvel appareil. C'est un pasteurisateur " *Le
Moderne*" à turbine à vapeur, à mouvement par-dessous. Cette turbine
permet de donner au moulinet la vitesse nécessaire à l'élévation automatique
du lait, ce que l'on ne pouvait obtenir avec son réchauffeur *Eureka* à vapeur,
à mouvement basé sur le principe du tourniquet hydraulique, principe de
physique bien connu, qui ne peut donner qu'un entraînement faible.

La force motrice absorbée par le moulinet ne coûte absolument rien,
puisque la vapeur employée par la turbine est récupérée et utilisée pour le
chauffage du lait. Le mouvement du pasteurisateur étant en-dessous, évite
les inconvénients de ceux à mouvement par dessus : 1° Il ne peut plus
tomber d'huile dans le lait ; 2° Rien ne peut plus gêner dans le nettoyage ;
3° Pour retirer le moulinet, il suffit d'enlever les goupilles et il ne reste pour
le nettoyage absolument rien dans la cuve, pas même un tube comme dans
son réchauffeur *Eureka*.

L'admission de vapeur pour le chauffage est combinée de telle façon, que le lait ne peut jamais gratiner, qu'il soit très froid ou acide. Le lait est chauffé sans agitation, graduellement et uniformément en couches minces, de sorte que toutes les molécules du lait reçoivent la même température.

Cet appareil est monté sur un pied en fonte qui permet l'orientation instantanée de l'entrée et de la sortie de lait.

Cet appareil est également employé comme réchauffeur de lait pour l'écrémage.

Pasteurisateur sur Chaudière

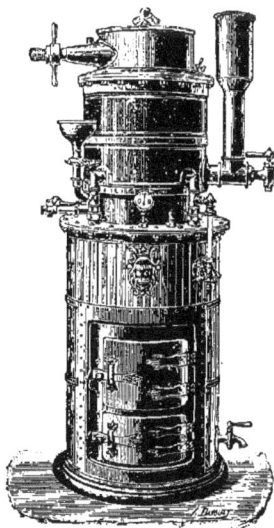

Ce pasteurisateur, à moteur hydraulique et agitateur mobile sans arcade et d'un nettoyage facile, est monté sur chaudière à vapeur inexplosible à basse pression à tubes field en cuivre.

Cet appareil permet aux petits laitiers d'obtenir un lait pasteurisé analogue à celui des grandes industries, en évitant une dépense considérable de leur installation, ce qui était indispensable avant sa création.

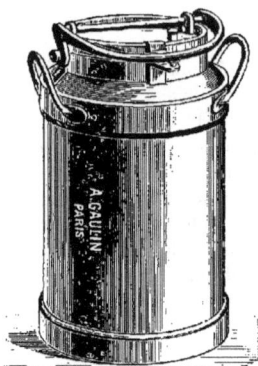

Son pot à lait " *Sécuritas* " possède une
fermeture hermétique simple et solide et un
dispositif spécial pour l'évacuation des gaz
pendant la stérilisation du lait.

Il construit également ce pot " *Sécuritas* "
sans dispositif spécial pour le transport du
lait. La parfaite étanchéité de ce pot garantit
le lait, pendant son transport, de la vidange et
de la contamination par l'air. Son scellé peut
être fait au moyen d'un plomb ou d'un
cadenas.

En outre des objets exposés, la Maison GAULIN construit encore des
*Réchauffeurs universels, Réchauffeurs " Eureka " à mouvement à vapeur,
Pasteurisateurs " Le Moderne ", Acido-neutralisateurs, Stérilisateurs rotatifs,
Appareils à concentrer le lait dans le vide, Aseptiseurs pour pots à lait, Bacs
à laver les pots, Pompes à lait, Appareils de fermentation pour la crème,
Barattes à mouvement oscillatoire, Cuves à fromages de toutes sortes, Bacs
à tapettes tournantes, Bacs à lait cylindriques et rectangulaires avec ou sans
agitateur simple ou double à bain-marie, Couloirs-filtres, Pots à lait, Moules
à fromages, Récipients à crème, Bassines, Seaux, Robinetterie spéciale pour
le lait.*

Dans les précédentes Expositions Universelles, la Maison GAULIN a
obtenu : une *Médaille d'Argent*, Bruxelles 1897; une *Médaille d'Or*, Paris 1900;
une *Médaille d'Or*, Saint-Louis 1904 ; un *Grand Prix*, Liége 1905 ; un *Grand
Prix*, Milan 1906; un *Grand Prix*, Londres 1908 ; un *Grand Prix*, Saragosse
1908; un *Grand Prix*, Buenos-Aires 1910.

Le Jury de l'Exposition de Bruxelles lui a accordé un **Grand Prix**.

Maison ÉMILE GUILLAUME

17, Rue Lemercier, Paris

Depuis 1876, M. GUILLAUME exploite ses diverses Inventions brevetées concernant les Industries Agricoles. Depuis 1896, il exploite plus spécialement, tant en France qu'à l'Étranger, ses brevets concernant la distillerie et les procédés et Appareils qui s'y rapportent, *brevets dont le nombre dépasse cent.*

Ces brevets concernent notamment : La distillation simple, à haut et à bas degré, des moûts clairs ou épais; l'épuration des flegmes à bas degré; la distillation-rectification directe; la rectification, la distillation et la rectification continues jointes ou séparées, avec auto-chauffage, dans les deux cas, de la colonne rectificatrice par la condensation des flegmes bruts sortant de la colonne à distiller, etc... Ils concernent également la diffusion pour distilleries de betteraves et de topinambours, qui est rendue à la fois plus efficace et plus simple, et la fermentation qui est devenue plus facile à conduire et plus parfaite, par une continuité véritable obtenue sans coupages, ni pieds de cuves.

Tous ces perfectionnements ont fait l'objet de nombreux rapports techniques dans les Congrès de Sociétés Savantes compétentes, rapports dont, vu leur compléxité, il est impossible de faire ici un résumé succinct.

M. GUILLAUME *est le premier qui réalisa un Appareil permettant d'obtenir directement des moûts fermentés, de l'alcool rectifié qui soit couramment admis dans le commerce pour la consommation* (dès Février 1897, à la distillerie de grains de MM. G. LE GLOHAEC ET FILS, à Saint-Pierre-Quiberon, et, la même année, à la distillerie Agricole du Château d'Audour chez M. Le Comte DE DORTAN).

Ses Appareils de distillation-rectification directe (des types B et D) produisent même de l'alcool *extra-neutre d'une pureté et d'une qualité qui n'avaient jamais pu être atteinte*, ce qui est attesté par de nombreuses installations faites dans des distilleries des plus importantes de pays divers.

Il a été livré, en effet, un grand nombre d'Appareils GUILLAUME, dont plusieurs d'un coût de plus de cent mille francs, notamment dans les pays suivants : France et ses Colonies; Allemagne; Autriche-Hongrie; Russie d'Europe; Russie d'Asie; Italie; Espagne; Portugal; Norvège; Belgique; Hollande; Luxembourg; Angleterre; Grèce; Etats-Unis; Canada; Mexique; Pérou; Chili; Costa-Rica; Bolivie; Vénézuela; Salvador; Brésil; République-Argentine; Uruguay; Indes Anglaises; Mandchourie; Philippines; Indes Néerlandaises, etc.

L'importance prise par les Appareils GUILLAUME est telle qu'ils sont l'objet de descriptions spéciales dans tous les traités de distillerie publiés au cours des dernières années et qu'ils ont été incorporés dans les cours de l'Ecole Centrale des Arts et Manufactures, de l'Institut National Agronomique et de toutes les Ecoles techniques qui comportent un cours de distillerie.

Pour satisfaire aux besoins de la clientèle, les Appareils GUILLAUME sont construits par les concessionnaires suivants :

France :   Etablissements Egrot, Paris (Concessionnaires généraux)
Autriche :   Etablissements Breitfeld-Danĕk, Prague-Karlin (Bohême).
Hongrie :   Sangerhausen Maschinenfabrik, Budapest.
Russie :   a) Etablissements Dannhauer et Kaiser, Moscou.
                b) Etablissements Xinuth, Riga.
Allemagne :   Maschinenbau-Aktiengesellschaft Golzern-Grimma, (Saxe).
Angleterre :   Etablissements Willison, Alloa (Ecosse).
Belgique :   Etablissements Relecon et fils, Bruxelles.

Objets exposés :

1° *Un Appareil de distillation continue*, sytème GUILLAUME, pour distiller 60 hectos de vin, ou de lies de vin, à 8° de richesse, par 24 heures et produire de l'alcool à 90-92° G-L, avec colonne à distiller inclinée.

2° *Modèle*, pour la démonstration pratique, d'appareil de distillation-rectification directe et de rectification continue, Sytème GUILLAUME, produisant 1 hectolitre d'alcool rectifié par 24 heures. Cet appareil comporte l'application de nombreux brevets GUILLAUME. Il permet d'obtenir régulièrement de l'alcool rectifié d'une pureté chimique et d'une qualité qui n'avaient jamais été atteintes auparavant.

3° *Tableaux et dessins* de nombreux Appareils de distillation-rectification directe et de rectification continue établis en application des divers brevets GUILLAUME.

Descriptions des procédés, Système GUILLAUME, EGROT, GRANGÉ et dessins de diverses installations faites, concernant la diffusion simplifiée, pour distilleries agricoles de betteraves et de topinambours, et de fermentation continue, sans coupages ni pieds de cuve, pour la fermentation des moûts clairs.

La diffusion simplifiée permet, avec un nombre restreint de diffuseurs d'une disposition toute particulière, de produire économiquement des moûts à haute densité, tout en maintenant un bon épuisement des cosettes.

La fermentation continue permet d'avoir une fermentation qui ne cesse jamais d'être à son maximum d'activité et qui présente toujours le maximum de résistance à l'envahissement des mauvais ferments, ce qui permet d'obtenir des moûts fermentés qui sont à la fois plus riches en alcool et mieux épuisés en sucre.

Principales récompenses obtenues depuis 1900 : *Grands Prix*, Paris 1900; Vienne 1904; Liège 1905; Milan 1906; Londres 1908; Saragosse 1908.

Le Jury de l'Exposition de Bruxelles 1900, lui a accordé un diplôme de **Grand Prix**.

Etablissements KUHLMANN

13, Square de Jussieu, à Lille (Nord)

Fondés en 1825 par l'illustre Chimiste Frédéric KUHLMANN.

Usines à Loos, La Madeleine, Watrelos, Amiens, Petite-Synthe, Hennebont. Une Usine importante de superphosphates est actuellement en construction à Ertvelde (Rieme), près Selzaete (Belgique).

On y fabrique les acides sulfurique et oléum à tous degrés de concentration ; les acides muriatique, nitrique ; les cristaux, lessives, sels caustiques, bisulfite et hiposulfite de soude ; les silicates et fluosilicates ; le trisulfite de chaux ; les chlorure de chaux sec et liquide ; l'eau de Javel ; l'eau oxygénée ; le chlorozone ; les sulfates de soude, de zinc, de cuivre, de fer ; le sulfate ferrique ; le nitrate de cuivre ; le perchlorure de fer ; le sulfure de sodium ; le sulfhydrate de sodium ; et, enfin, les superphosphates de chaux et d'os et les engrais composés.

Les Etablissements KUHLMANN exposaient des échantillons de tous ces produits.

2.200 ouvriers ou employés sont occupés dans les Etablissements. Les usines couvrent une superficie de 72 hectares ; les 45 générateurs des Etablissements représentent une force totale de 2.500 chevaux.

Les Etablissements KUHLMANN exportent leurs *sulfates de cuivre* et *superphosphates* notamment en Algérie, Espagne, Italie, Portugal, Danemark, Suède, Russie.

Dans les précédentes Expositions Universelles, la Maison KUHLMANN a toujours été *Hors Concours*.

Le Jury de l'Exposition de Bruxelles lui a accordé un **Grand Prix**.

Maison LEVI FRÈRES

160, Rue Montmartre, à Paris

Maison fondée en 1874.

Objets exposés : *Tissage mécanique de Coton* en tous genres ; *Tissus pour envelopper le beurre* (Mousseline) ; *Tissus spéciaux* pour la protection des fleurs et *Tissus spéciaux* pour sacs à raisins. (Ces tissus pour l'Agriculture).

Dans les précédentes Expositions Universelles, la Maison LEVI FRÈRES a obtenu : une *Médaille d'Or*, à Liège ; une *Médaille d'Or*, à Turin ; un *Grand Prix*, Exposition Franco-Britannique, à Londres.

Le Jury de l'Exposition de Bruxelles lui a accordé un **Grand Prix**.

Maison Henri-Jean-Baptiste PELLET

Chimiste-Conseil

148, Boulevard Magenta, à Paris

M. PELLET exposait une série d'appareils destinés au Contrôle Chimique des Sucreries et des Distilleries de betteraves et de cannes, notamment :

Le *matériel* nécessaire pour le dosage direct du sucre dans la betterave (râpes coniques, ballons diffuseurs, etc.). Pour la polarisation de tous les liquides, il expose le tube continu qui rend de si grands services par la rapidité et la simplicité avec laquelle on polarise un liquide quelconque.

Un *Couteau à lames parallèles* pour prélever un échantillon de betteraves sur un cylindre enlevé à l'emporte-pièces et destiné au dosage du sucre des betteraves-mères devant servir de porte-graines. Ce procédé a rendu également de grands services pour l'amélioration des graines de betteraves par suite du grand nombre d'analyses de porte-graines.

Il expose également un *Colorimètre* (avec Demichel); puis un *Calcimètre* (avec Saleron) ; un *Ammomo-calcimètre*, pouvant servir également pour le dosage rapide de l'azote ammoniacal dans les engrais.

Un *petit appareil* pour le dosage rapide du marc dans la betterave, ce qui est important.

Un *Bain-marie*, à niveau constant et à support spécial pour maintenir les ballons entièrement plongés dans l'eau chaude afin de faire rapidement les extractions alcooliques.

Un *Extracteur* rationnel, permettant d'obtenir un épuisement rapide, soit du sucre dans la betterave par l'alcool.

Dans une vitrine, différents objets de laboratoire tels que :

Pipettes spéciales à double trait ;

Ballons spéciaux à division supplémentaire, dite de précaution ;

Burettes à double enveloppe pour avoir constamment les divisions très visibles étant protégées ;

Des *Boîtes de papier* de tournesol neutre très sensible, préparées d'après ses indications pour le Contrôle de l'alcalinité ou de l'acidité des jus ;

Un *Carbonimètre* permettant le dosage rapide de l'acide carbonique dans le gaz du four à chaux, ou de l'acide sulfureux dans le gaz sulfureux des fours à soufre.

Il y avait également des *Capsules métalliques* de forme spéciale pour obtenir rapidement la dessication des matières sucrées mises à l'étuve ;

Un *petit modèle d'étuve à glycérine*, entouré d'amiante et disposition spéciale pour éviter le refroidissement et avoir une *température régulière* dans toutes les parties de l'étuve.

Le Jury de l'Exposition de Bruxelles lui a accordé un **Grand Prix**.

Maison SCHLŒSING FRÈRES & Cⁱᵉ

à Marseille

Maison fondée en 1846. Pendant près d'un demi-siècle, elle fut à la tête du commerce des graines de Marseille, commerce considérable qui dépasse actuellement 2 millions de quintaux. En 1879, les découvertes de M. Th. Schlœsing, de l'Institut, poussèrent MM. Schlœsing à s'occuper des engrais chimiques qui étaient à leurs débuts. Depuis, cette industrie s'est considérablement développée et les Usines Schlœsing Frères & Cⁱᵉ occupent une situation de premier ordre, tant en France qu'à l'Étranger, où elles ont obtenu les plus hautes récompenses. Les Usines Schlœsing Frères & Cⁱᵉ ont en outre annexé à leurs usines d'engrais la fabrication des produits anticryptogamiques pour combattre les maladies et insectes de la vigne et des diverses plantes cultivées. Cette branche a atteint aujourd'hui un développement considérable et les Usines Schlœsing Frères & Cⁱᵉ alimentent le monde entier.

Objets exposés :

Engrais chimiques; engrais composés pour toutes cultures : vignes, arbres fruitiers, cultures florales, cultures maraichères, cultures coloniales, chrysanthèmes, céréales, tubercules prairies, etc.

Engrais à base minérale et à base d'os.

Matières premières : nitrate de soude, nitrate de chaux, nitrate de potasse ; sulfate d'ammoniaque, sels potassiques, matières organiques (sang desséché, cornailles, laines, etc.), etc.

Engrais phosphatés : phosphates, superphosphates, phosphates précipités.

Produits anticryptogamiques : Bouillie bordelaise Schlœsing, soufres précipités Schlœsing, Pyralion Schlœsing, Schlœsicide, Schlœsinite, Cochylicide, Alpicide, Soufre précipité à la nicotine.

Pulvérisateurs et Soufreuses.

Produits œnologiques : tanin, métabisulfite, acide tartrique, acide citrique, phosphate bicalcique, phosphate d'ammoniaque, gelolevures Schlœsing, noir lavé.

Raphia.

Librairie agricole, viticole et horticole.

Formules spéciales d'engrais.

Insecticides ou fongicides spéciaux.

Des études sont en outre continuellement en cours dans les laboratoires et champs d'expériences des usines pour la création et l'industrialisation des nouveaux produits destinés à l'agriculture.

Dans les précédentes Expositions Universelles, la Maison SCHLOESING Frères & Cⁱᵉ a obtenu : Paris, Exposition Universelle 1889, *Médaille d'Or* ; Paris, Exposition Universelle 1900, *Deux Médailles d'Or* ; Saint-Louis (États-Unis) 1904, *Grand Prix* ; Marseille 1906, *Grand Prix* ; Kaulaïs (Russie) 1909, *Grand Diplôme d'Honneur*.

Le Jury de l'Exposition de Bruxelles lui a accordé un **Grand Prix**.

Maison SIMON FRÈRES
à Cherbourg (Manche)

Les Établissements SIMON Frères ont été fondés, en 1856, par M. SIMON LAURENT, père des deux associés actuels, qui devinrent ses associés de 1886 à 1896, sous la raison sociale SIMON & ses Fils, puis propriétaires-directeurs des Établissements actuels, depuis 1896, sous la raison sociale SIMON Frères.

Les ateliers ont pris un développement constant. Les 10.000 mètres carrés qu'ils occupaient encore ces dernières années sont devenus insuffisants et il fallut édifier cette nouvelle usine dite « du Maupas », sur des terrains d'une superficie de 110.000 mètres carrés, dont 60.000 enclos, dès maintenant à l'usage de l'usine. Les deux usines, qui emploient plus de 300 ouvriers, reçoivent les bois en grume, la fonte en gueuses, et livrent des machines entièrement fabriquées par leurs soins.

Les Établissements SIMON Frères exposaient, Classe 37, leurs appareils de Laiterie-Beurrerie-Fromagerie, ainsi que leurs manèges et moteurs étudiés spécialement pour actionner les dits appareils.

Voici l'énumération des appareils exposés avec leurs particularités intéressantes :

Barattes. — La Maison présentait les principaux types de sa construction,

qui s'étend depuis les barattes de 10 litres de contenance jusqu'aux barattes de 2.500 litres.

Les Nouvelles Barattes Normandes, dites " *Mono-Batteur Simon* " sont une de ses grandes spécialités. On sait que ces barattes sont constituées par un tonneau, tournant autour de son axe horizontal, que ce tonneau comporte à l'intérieur un Batteur central unique pouvant se démonter instantanément et être sorti par une (ou plusieurs) très large ouverture à couvercle spécial étanche, ouverture qui sert en même temps à l'introduction de la crème et à la sortie du beurre lorsque l'opération est achevée (La figure 305, ci-dessus, représente une de ces barattes " *Mono-Batteur Simon* ", petit modèle, la baratte ayant reçu sa crème, le batteur étant mis en place, ainsi que le couvercle étanche, à la partie supérieure).

Ce principe posé, les différents modèles de ces barattes ne diffèrent entre eux que par la présentation, par la force motrice qui doit les actionner et par leur grandeur.

Un type de chaque sorte était exposé.

Tous les tonneaux de barattes sont en chêne de tout premier choix, sauf dans une nouvelle série, à très bon marché, dite " *L'Economie* ", où le tonneau est en hêtre de premier choix.

Les tonneaux sont supportés, dans leur rotation, soit par des colonnettes (dans les petits modèles) soit par des bâtis en bois, ou mixtes (bois et fer),

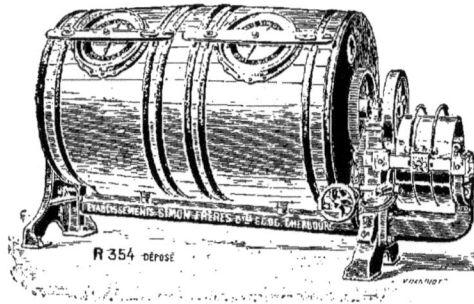

R 354 DÉPOSÉ

ou entièrement métalliques (grands modèles, au moteur). Une série est avec montage sur coussinets à billes, donnant une très grande douceur au fonctionnement.

Ces barattes sont prévues pour fonctionner soit à bras, soit par manège (avec plusieurs modes de commande brevetés) soit au moteur (à une ou deux vitesses).

Une nouvelle série (fig. R. 354) de ces dernières (de 1.200 à 2.500 litres), destinés à la grande Industrie laitière-beurrière, possède en outre un vireur spécial avec arrêt automatique à tous les points.

Enfin, étaient exposées les barattes " *La Cylindro* ", barattes culbutantes perfectionnées dans leurs moindres détails, récente création SIMON Frères.

Malaxeurs. — Deux types principaux : les *Malaxeurs Horizontaux*, pour le lavage et le délaitage des beurres ; les *Malaxeurs Verticaux*, pour leur mélange homogène et l'achèvement du travail. Dans chaque type sont exposés un ou plusieurs spécimens des nombreuses séries construites pouvant travailler depuis 1 kilo à la fois jusqu'à 1.200 kilos à l'heure.

Outre les petits modèles pour ménages et petites fermes, les Etablissements SIMON Frères se sont créés une véritable notoriété dans ce genre d'appareils par la création de leurs Malaxeurs rotatifs horizontaux " *Le Fuseau* " (fig. R. 331) dans lesquels un rouleau fuselé travaille et manipule automatiquement la nappe de beurre de telle sorte que la durée du malaxage est réduite à près de moitié — sans compter tous les perfectionnements apportés dans la conception et la construction de cet appareil. " *Le Fuseau* " est à bras ou au moteur, avec ou sans pied, avec ou sans retourneur, et il y a une nouvelle série, de prix très réduits.

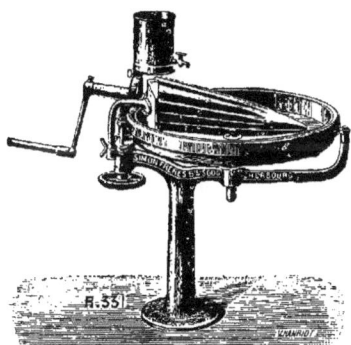

" *L'Automatic-Retourneur* " est une des plus récentes et curieuses créations Simon Frères, dans laquelle la nappe de beurre est soulevée, égouttée, plissée et enroulée plusieurs fois sur elle-même : ce nouveau Malaxeur Horizontal travaille le beurre avec une rapidité et une perfection remarquables.

Voici, enfin, pour la grande Industrie beurrière, ces puissants *Malaxeurs Horizontaux* (fig. R. 81), création Simon Frères, dont la table de travail atteint jusqu'à 2 m. 60 de diamètre. La série la plus perfectionnée comporte 2 vitesses, des galets équilibreurs,

un entourage de la table, une charrue versoir, le graissage automatique, etc.

Les *Malaxeurs Verticaux* exposés sont, l'un à bras, l'autre au moteur (fig. R. 71). Ils sont de la création de MM. Simon Frères et retiennent l'attention par leurs perfectionnements et leur robuste simplicité qui les ont fait adopter universellement par les Maisons s'occupant du mélange et du commerce des beurres.

Lisseuses. — On sait que ces Appareils sont destinés au laminage et au lissage des beurres. La Maison Simon Frères n'avait pu exposer qu'un de ses nombreux types caractérisés par des cylindres de très grands diamètres avec combinaison brevetée maintenant le parallélisme des rouleaux lors de leur écartement.

R.345

Moules à Beurre. — Quelques-uns des nombreux modèles créés et fabriqués par MM. SIMON Frères sont exposés :

Petits moules à main pour les faibles quantités de beurre; moules à piston démouleur fabricant un ou plusieurs pains par opération; moules à crémaillère simple et à crémaillère à démoulage automatique (figure R 345) employés par les laiteries — Beurreries, moules continus, à bras (figure R 522) et au moteur travaillant 600 livres à l'heure et destinés à la grande industrie et au commerce des beurres.

R.522

Comme matériel accessoire sont exposées des tables diverses pour la manipulation des beurres, des jattes de transport, ou petit outillage, etc...

Un *Pressoir à caséine* muni de claies et toiles brevetées, système SIMON est une nouveauté des plus intéressantes pour l'industrie de la caséine.

Plusieurs Manèges, parmi les quelques cinquante numéros ou modèles créés et fabriqués par MM. SIMON Frères et dont l'application est si fréquente en laiterie-beurrerie.

Plusieurs *Moteurs* " *l'Autonoxe* ", dont un type tout spécialement étudié pour l'Agriculture et l'Industrie laitière en particulier, en raison de la protection absolue de ses organes, à l'abri des projections de liquides divers qui ne peuvent manquer de se produire dans une Laiterie.

En outre des objets exposés, la Maison SIMON Frères construit et livre sur demande tout matériel se rapportant à l'Industrie Laitière et Beurrière.

Elle s'est en outre spécialisée dans les autres branches de production suivantes : (*Appareils exposés classes 35 et 36*); *Appareils de ciderie:* (broyeurs, presses, pressoirs, etc). *Appareils de vinification* (fouloirs à vendange, pressoirs, etc); *Appareils pour le travail* des grains (aplatisseurs, concasseurs, etc); *Manèges et Moteurs* pour toutes industries.

Dans les précédentes Expositions Universelles, la Maison SIMON Frères a obtenu : *Une Médaille d'Or*, à l'Exposition Universelle de Paris 1889; *3 Grands Prix* et *Une Médaille d'Or*, à l'Exposition Universelle de Paris 1900; *1 Grand Prix*, à Hanoï en 1903; *1 Grand Prix*, à Saint-Louis (États-Unis) en 1904; *4 Grands Prix*, à l'Exposition Internationale de Liége 1905; *2 Grands Prix*, à l'Exposition Internationale de Milan 1906; *Hors Concours*, Membre du Jury à l'Exposition Franco-Britannique de Londres 1908; *1 Grand Prix*, à l'Exposition Hispano-Française de Saragosse 1908.

MM. Albert SIMON et Auguste SIMON sont *Chevaliers* de la *Légion d'Honneur*, *Officier* et *Commandeur du Mérite Agricole*.

Le Jury de l'Exposition de Bruxelles 1910, lui a accordé un **Grand Prix**.

Médailles d'Or

Maison VICTOR COQ
à Aix-en-Provence

La Maison fut fondée en 1816, par C. COQ Fils.

Elle est dirigée par M. V. Coq depuis 1890.

M. Victor Coq exposait, dans le Pavillon de la Tunisie, une *Maquette d'Huilerie d'Olives* très complète.

En outre des objets exposés, M. Coq construit encore des *Pompes*, des *Pressoirs*, des *Presses hydrauliques* et tout le matériel pour la fabrication des chapeaux.

Dans les précédentes Expositions Universelles, il a obtenu une *Médaille d'Argent*, Paris 1878, et une *Médaille d'Or*, Paris 1889.

Le Jury de l'Exposition de Bruxelles lui a accordé une **Médaille d'Or.**

Maison A. DUQUESNE
à St-Philibert, par Montfort-sur-Risle (Eure)

M. DUQUESNE exposait à Bruxelles :

Les Pâtées " Duquesne " pour la nourriture des oiseaux permettant de conserver en cage tous les oiseaux insectivores même les plus délicats.

La Faisandine " Duquesne ", nourriture artificielle pour l'élevage des faisandeaux, perdreaux, etc.

Des nourritures diverses pour volailles et poissons.

Les Biscuits " Duquesne " à la viande et aux légumes pour les chiens.

Et des *Médicaments* pour oiseaux et chiens.

En outre des objets exposés, M. DUQUESNE fabrique le *Matériel d'Élevage* et il s'occupe aussi de l'*Élevage* des Volailles de race ; du Chien d'arrêt, race Pont-Audemer, et du Chien courant « Porcelaine ».

Dans les précédentes Expositions Universelles, il a obtenu : la *Médaille d'Argent*, Paris 1900 ; la *Médaille d'Argent*, Liège 1905 ; la *Médaille d'Or*, Milan 1906 ; *Diplôme d'Honneur*, Londres 1908.

Le Jury de l'Exposition de Bruxelles lui a accordé une **Médaille d'Or.**

15

Société des AVICULTEURS FRANÇAIS

La Société des Aviculteurs Français expose un tableau représentant le plan d'une installation pratique pour l'élevage artificiel des poulets qui lui vaut une **Médaille d'Or**.

Cette récompense est longuement méritée par l'originalité, par la ferme pratique et économique de l'installation qu'elle préconise et par la valeur morale et effective de la Société ainsi représentée.

La Société des Aviculteurs Français, ayant son siège social, 46, rue du Bac, à Paris, a été fondée en 1894 par M. Henri Voitellier, sous la Présidence de M. le Duc Féry d'Esclands, qui conserva cette Présidence jusqu'en 1909, date de sa mort. La Présidence passa, en 1910, à M. Jules Méline, Sénateur, ancien Ministre de l'Agriculture. A sa naissance, en 1894, la Société n'était déjà pas une constitution absolument nouvelle ; elle n'était que la reconstitution, la prolongation, pourrait-on dire, de l'ancienne « Section d'Aviculture pratique », instituée par la Société Nationale d'Acclimatation de France, qui, sous la Présidence de M. Oustalet, Aide-Naturaliste au Muséum, avait déjà donné, au Palmarium du Jardin d'Acclimatation, de magnifiques Expositions d'Animaux de basse-cour. Aujourd'hui, la Société des Aviculteurs Français, forte de cinq cents Membres, donne depuis 6 ans, à Paris, aux anciennes serres du Cours-la-Reine, à la Galerie des Machines et, enfin, au Grand-Palais, des Expositions internationales annuelles, toujours à même date, 1er vendredi de Février, dont la dernière a été la plus belle et la plus importante qui ait jamais été tenue en France.

Le plan d'installation d'élevage exposé repose sur ce principe, qu'il importe de supprimer au maximum, la main-d'œuvre et la surveillance, tout en assurant aux poussins le maximum de protection, de confort et de liberté, sans oublier de réduire au minimum les dépenses d'installation.

Il n'est pas possible de combiner plus judicieusement tous ces éléments, et tout éleveur qui voudra faire l'application du plan de la Société des Aviculteurs Français est assuré du succès et, par conséquent, de tirer des bénéfices de son élevage.

SOCIÉTÉ NATIONALE
D'AVICULTURE DE FRANCE
34, Rue de Lille, à Paris

Fondée en 1891, elle a été présidée successivement par MM. Ernest LEMOINE (1891-1898); Roger BALLU (1898-1904). Elle a actuellement à sa tête M. le Député Ch. DELONCLE.

Elle exposait à Bruxelles :

Une vitrine contenant : *Les Statuts ;*
Des *Modèles des Médailles ;*
Différentes Notices ;
La Collection de la " Revue Avicole " (Bulletin de la Société) ;
Et les *Programmes des Concours Départementaux.*

Dans les précédentes Expositions Universelles, la SOCIÉTÉ NATIONALE D'AVICULTURE a obtenu un *Diplôme d'Honneur*, Exposition internationale de St-Pétersbourg, mai 1899 ; une *Médaille d'Or*, Exposition Universelle de Paris 1900 (Groupe 7, Classe 38).

Le Jury de l'Exposition de Bruxelles lui a accordé une **Médaille d'Or.**

Henri VOITELLIER
27, Boulevard Saint-Michel, à Paris

M. HENRI VOITELLIER ne présente qu'un livre, petit de format et de modeste apparence, mais correspondant parfaitement au titre de la Classe : *Procédés des Industries Agricoles*. L'Aviculture est, en effet, une des plus intéressantes industries agricoles et le livre *« Toute la Basse-Cour »* est le guide pratique le plus complet, le plus précis qui ait été publié sur la matière. En se conformant aux préceptes édictés dans ce livre, l'exploitation de la basse-cour peut devenir une des industries les plus lucratives de la ferme.

Édité avec grand soin et avec le souci d'en faire un manuel à la portée de tous, par la Grande Librairie LAROUSSE, *« Toute la Basse-Cour »* est une sorte de catéchisme avicole destiné aux enfants des écoles qui, plus tard, deviendront agriculteurs; aux Écoles-ménagères où l'on étudie les soins spéciaux de la basse-cour, en vue d'en tirer profit, et aussi aux Agriculteurs qui, travaillant eux-mêmes à leur exploitation, cherchent des conseils sûrs et précis, sans forme doctorale, pour obtenir de leurs efforts le maximum de rendement.

Pour le prix modique de 1 fr. 50, ils auront, en « *Toute la Basse-Cour* », un cours complet, clair, net et précis, de style simple, pouvant être compris par tous, dont pas un mot n'a été écrit, avant qu'une expérience acquise en trente années de pratique, n'en puisse assurer la valeur. L'auteur a, pendant vingt années consécutives, fait éclore une moyenne de trente mille poulets par an. C'est dire que pas un secret de la ponte, de l'incubation, de l'élevage et de tout ce qui peut toucher à la basse-cour, ne lui est inconnu. Il n'a pu donner que de sages et judicieux conseils, dont l'influence ne peut manquer de se faire sentir sur l'avenir de la production avicole en France.

La **Médaille d'Or** qui lui est décernée n'est que la juste récompense de son utile et intéressant travail.

M. Henri VOITELLIER était déjà titulaire, à l'Exposition de Londres, d'un *Diplôme d'Honneur*, pour un autre livre du même genre, les *Mois Avicoles*.

Médailles d'Argent

MAISON DE CONSTANT, BARTHÉLEMY & CIE

Marseille (Bouches-du-Rhône)

La Maison DE CONSTANT, BARTHÉLEMY ET Cie, exposait, dans le pavillon de la Tunisie, une *Maquette d'huilerie d'olives*.

Le Jury de l'Exposition de Bruxelles 1910, lui a accordé une **Médaille d'Argent**.

MAISON EUGÈNE PLISSON

37, Rue de Viarmes, Paris

La Maison a été créée en 1888 dans l'immeuble du 37, de la rue de Viarmes, si heureusement situé entre les Halles Centrales et la Bourse du Commerce (ancienne Halle aux Blés). L'entreprise y a trouvé successivement les locaux nécessaires pour ses extensions. En 1901 la Maison a mis en route son Usine de Saint-Ouen avec laquelle elle est en relations à toute heure de la journée par la voie téléphonique, ce qui lui permet d'exécuter les commandes à lettre vue.

Le stand de la Maison PLISSON, situé dans le Palais de l'Agriculture, exposait exclusivement les articles de sa fabrication qui conviennent à la clientèle agricole et horticole.

Dans le domaine agricole : a) Les bâches imperméables pour transports agricoles et abris des machines agricoles, pour couvrir les meules de foin et de céréales. Les Agriculteurs les utilisent aussi pour le battage des grains et des graines.

Bâche recouvrant une voiture fourragère

b) Les sacs en toile pour tous produits du sol. — La fabrication de la Maison comprend tous les modèles de sacs en usage, depuis les sachets à échantillons ou autres sacs de petites dimensions, jusqu'aux sacs ou aux balles des plus grandes capacités. L'assortiment comprend aussi bien les sacs légers pour expéditions en toiles perdues que les sacs de service présentant toutes garanties pour un usage pénible et prolongé. Pour donner une idée de l'importance de ces deux branches, ci-dessous quelques chiffres statistiques :

SACS :	BÂCHES :
Vente en 1900 : 4.154.270	Vente en 1900 : 122.380 mq.
— 1905 : 5.525.690	— 1905 : 271.250 mq.
— 1909 : 6.257.740	— 1909 : 390.150 mq.
— 1910 : 7.030.970	— 1910 : 507.180 mq.

c) Un atelier spécial est consacré à la fabrication des caparaçons imperméables, couvertures, musettes, objets de sellerie et d'écurie.

d) A citer aussi les vêtements en toile imperméabilisés par les mêmes procédés que les Bâches Plisson, présentant les avantages inhérents aux vraies toiles de lin : solidité et durée. Fabriqués sur le mode d'organisation des ateliers d'équipement militaire, de forme ample et rationnelle, ils présentent des garanties de solidité et durée et sont tout à fait recommandables à ce titre aux ouvriers agricoles, fermiers, chasseurs et toutes personnes exposées aux intempéries.

Bâche pour serre

Applications Horticoles. — Les Toiles pour abris de serres, préservatrices de la gelée, bien préférables aux paillassons car elles ne craignent pas

Tente pour plages

Capote d'automobile

l'ait que des rongeurs ; elles présentent contre le froid et l'humidité un abri parfait. Ces toiles conservant leur souplesse se manœuvrent avec la plus grande facilité.

Notre " Toile Paragelée " se recommande pour les espaliers, les contre-espaliers et les châssis, en raison de son faible poids elle s'installe et s'étend facilement.

Les toiles imperméables transparentes pour abriter les fleurs et plantes délicates, qui, tout en laissant passer la lumière, atténuent la brusque transition entre le froid de la nuit et les rayons trop ardents du soleil.

Signalons, parmi les autres spécialités de la Maison PLISSON, les *Bannes*, *Stores*, les *Tentes* de tous modèles pour plages et explorations, le *Matériel de campement*.

Un atelier spécial est consacré aux articles toile et cuir pour usages de l'automobilisme et des différents sports, housses et bâches pour autos, capotes de voitures, sacs d'équipements de tous modèles, malles, etc.

En dehors des Concours Agricoles, principalement du Concours Général Agricole de Paris, la Maison figurait en dernier lieu à l'Exposition Universelle de Nancy, où elle a obtenu une *Médaille d'Or* et un *Diplôme de Collaborateur*.

Le Jury de l'Exposition de Bruxelles lui a accordé une **Médaille d'Argent**.

Médaille de Bronze

FOUQUET DE LUSIGNEUL

à Bourth (Eure)

M. FOUQUET DE LUSIGNEUL exposait à Bruxelles des Appareils de création récente, dénommés *Barattes Unic*.

Une Baratte à main faisant 5 à 6 kilos de beurre en 3 à 4 minutes et cela à l'air libre. Ce qui est le principe même de la baratte; de plus le batteur et le récipient, en tôle d'acier, étamé sont d'une solidité à toute épreuve et d'une propreté rigoureuse.

Une Baratte même genre, mais mue par un moteur, qui permet de faire 25 à 30 kilos de beurre en 3 à 4 minutes également.

Cette baratte à moteur permet de faire, en été, du beurre avec du lait caillé que l'on ne pourrait utiliser, puisque l'écrémage n'en est pas possible, et d'en retirer, en l'espace de 14 à 15 minutes tout le beurre possible.

De nombreuses expériences ont affirmé les qualités de cette nouvelle baratte.

La Maison exposait pour la première fois.

Le Jury de l'Exposition de Bruxelles 1910, lui a accordé une **Médaille de Bronze**.

TABLE DES MATIÈRES

TABLE DES MATIÈRES

CLASSE 35

RAPPORTEUR : M. DARLEY-RENAULT

Membres du Jury — Hors Concours

Grands Prix

Diplômes d'Honneur

CLASSE 36

RAPPORTEUR : M. G. BARBOU

Hors Concours — Membres du Jury

Grands Prix

Diplômes d'Honneur

Médailles d'Or

Médaille d'Argent

CLASSE 37

RAPPORTEUR : M. VIDAL-BEAUME

Membres du Jury

Hors Concours

Grands Prix

Médailles d'Or

Médailles d'Argent

Médaille de Bronze

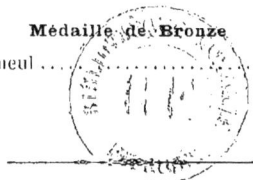

Charles SCHENCK

IMPRIMEUR

24, RUE DES ÉCOLES 24 — PARIS

Téléphone 830-00

www.ingramcontent.com/pod-product-compliance
Lightning Source LLC
Chambersburg PA
CBHW071629200326
41519CB00012BA/2220